电　工

宝鸡铁路技师学院
杨　信　主编

中国铁道出版社有限公司
2019年·北　京

内 容 简 介

主要包括电路的基本概念、直流电阻性电路分析、电容器、磁场与电磁感应、正弦交流电路、三相电路等内容。

本书可作为应用型技术院校机电技术应用、通信、电子技术应用等相关专业课程的教材，也可作为工程技术人员的参考用书。

图书在版编目(CIP)数据

电工/杨信主编；宝鸡铁路技师学院组织编写．—北京：中国铁道出版社，2010.8(2019.9 重印)

ISBN 978-7-113-11868-6

Ⅰ.①电… Ⅱ.①杨… ②宝… Ⅲ.①电工—高等学校：技术学校—教材 Ⅳ.①TM

中国版本图书馆 CIP 数据核字(2010)第 164444 号

书　　名：电　　工

作　　者：宝鸡铁路技师学院　杨　信　主编

责任编辑：王风雨　　**电话**：010-51873421　　**电子信箱**：tdpress@126.com

封面设计：郑春鹏

责任校对：张玉华

责任印制：郭向伟

出版发行：中国铁道出版社有限公司(100054，北京市西城区右安门西街 8 号)

网　　址：http://www.tdpress.com

印　　刷：三河市兴博印务有限公司

版　　次：2010 年 8 月第 1 版　2019 年 7 月第 5 次印刷

开　　本：787 mm×960 mm　1/16　**印张**：6.5　**字数**：119 千

书　　号：ISBN 978-7-113-11868-6

定　　价：20.00 元

前　　言

随着铁路建设的快速发展，一大批新技术、新设备随之涌现出来，进而对从业者的素质提出了新的、更高的要求。尽快赶上这种发展节奏，并为之贡献出应尽的力量，是每个铁路建设者应尽的社会责任。作为培养铁路后备力量的职业技术院校而言，则以培养出合格、高素质的铁路人才为己任。为此，我们根据多年教学的经验，率先从基础课程入手，推出本套《电工》、《电子技术》教材，目的就是探索中等职业教育的教学途径，并为今后编写相关铁路专业书籍积累经验。

基于多年教学实践活动的基础，考虑到中等职业学生的文化基础水平、认知能力以及《电工》课程抽象、难懂的特点。本教材在编写过程中，编者尽量摒弃复杂的理论推导过程，采用通俗、易懂的语言，以实用、够用为原则，复杂问题简单化，抽象问题具体化，从而形成了必要而简明的事实和结论，以便于该层次学生的学习和教学，也为今后学生的实际应用奠定应有的理论基础。同时考虑到传统教科书中的部分内容，会在后续的相关课程中涉及到，因此，本教材内容力求简单、够用、实用，把部分内容进行了适当的删减和归纳。

在每章内容之后，都附有本章内容小结。用寥寥数语道出了该章节的重、难点内容和基本知识点，从而为学生的复习理清了思路。

总之，本套教材集科学性、实用性和通俗性于一身，是中等职业教育和青年职工自学的理想教材。

本教材在编写过程中，得到了有关领导和同行的关照和指点，在此一并表示感谢。鉴于作者的水平有限，书中难免会有疏漏之处，恳请广大读者给予批评指正。

本书主编：杨　信；主审：张炎盛。

参加本书的主要人员有：第一章 直流电路和电容器由魏蓉编写；第二章 磁场与电磁感应由权静编写；第三章 正弦交流电路由李瑜编写。

编　者

2010 年 8 月

目　录

第一章　直流电路和电容器

第一节　电路的基本概念

一、电　　路

电路就是电流通过的路径，通常由电源、负载和中间环节组成。一个最简单的电路如图 1—1(a)所示，当图中的开关闭合时，电路中有电流流过，灯泡发光。

电路中各部分的作用如下：

(1)电源　电源是提供电能的设备，能够将其他形式的能量转换成电能。例如：电池将化学能转换成电能，发电机将机械能转换成电能等。

(2)负载　负载是指电路中的用电设备，能够将电能转换成其他形式的能。例如：电灯将电能转换成光能和热能，电动机将电能转换成机械能。

(3)中间环节　中间环节是电路中连接电源和负载的部分，起着传输，控制和分配电能的作用。图 1—1 所示电路的中间环节由连接导线和开关组成，它与电源和负载一起构成电流的流通路径，将电能传送给负载，常用的导线有铜线，铝线。

像图 1—1(a)那样的实物电路图，看起来直观易懂，但画起来麻烦，而且没有突出电路的特征。因此，在实际中是将图 1—1(a)中的实物接线图中的各实物用特定的电路符号来表示，即画成图 1—1(b)所示的电原理图。通常所说的电路图，都是指电原理图。图中电源内部的电路称为内电路，电源外部的灯泡(即负载)、连接导线和开关则组成外电路。

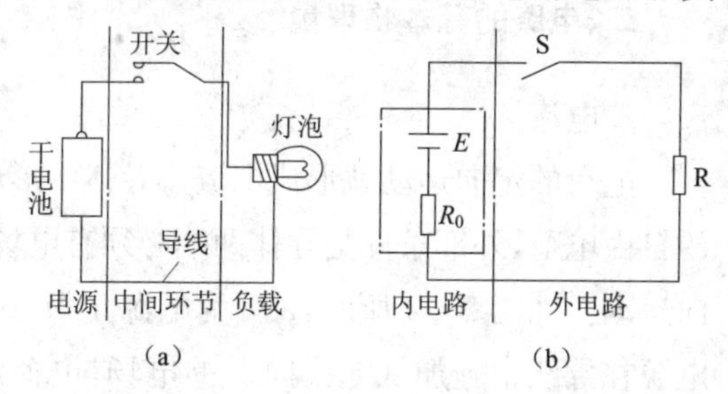

图 1—1　最简单的电路

电路图中常用的电路符号如表 1—1 所示。

表 1—1　常用电工图形符号

名称	符号	名称	符号
直流电压源电池	—|├—	可变电容	—⫲—
电压源	—+⊖−—	理想导线	———

续上表

名称	符号	名称	符号
电流源		互相连接的导线	
电阻元件		交叉但不相连接的导线	
电位器		开关	
可变电阻		熔断器	
电灯		电流表	
电感元件		电压表	
铁芯电感		功率表	
电容元件		接地	

上述电路的作用是实现电能的传输与转换，常用于电力及一般用电系统中，称为电力电路；电路的另一个作用是实现电信号的传递、处理和存储，这类电路称为信号电路。例如计算机中的逻辑电路，收音机、电视机中的调谐电路和放大电路等。

二、电路的基本物理量

1. 电流

电荷的定向运动就形成电流。导体中形成电流的内部条件是导体内有可以移动的自由电荷，外部条件是导体两端必须有电场。电场对电荷产生作用力，使其形成定向运动。如图 1—2 所示，a 端为电源正极，b 端为电源负极，电源在导线中施加从 a 指向 b 的电场，电荷从 a 经过外电路运动到 b，从而形成电流。电流的方向规定为正电荷运动的方向，所以，在外电路中电流由电源正极流向负极，在电源内部则由负极流向正极，形成一闭合回路，如图 1—2 所示。

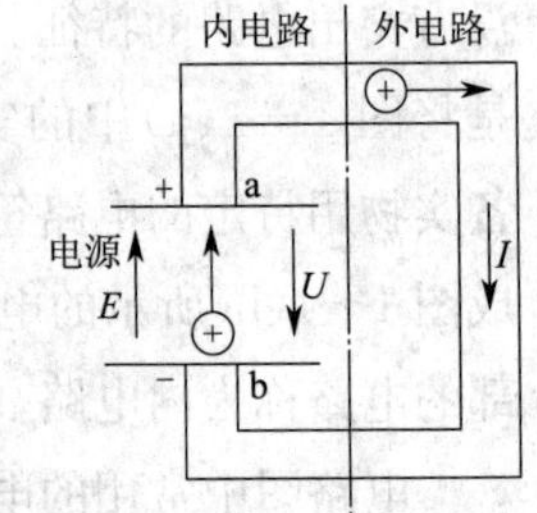

图 1—2　电荷的运动

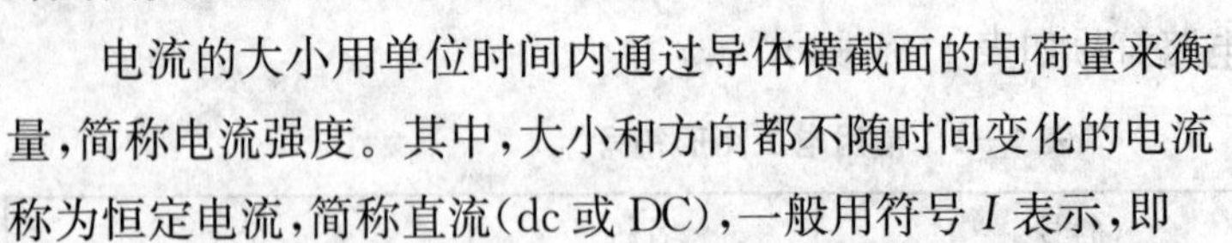

电流的大小用单位时间内通过导体横截面的电荷量来衡量，简称电流强度。其中，大小和方向都不随时间变化的电流称为恒定电流，简称直流（dc 或 DC），一般用符号 I 表示，即

$$I=\frac{Q}{t} \qquad (1-1)$$

式中　I——电流（A）；

Q——电荷量(C)；

t——时间(s)。

大小和方向都随时间变化的电流称为交变电流，简称交流(ac 或 AC)，用符号 i 表示，即

$$i=\frac{\Delta q}{\Delta t} \tag{1-2}$$

式中 Δq——电荷的变化量(C)；

Δt——时间的变化量(s)。

电流的单位是安培(A)，常用单位还有千安(kA)、毫安(mA)、微安(μA)等，它们之间的关系为

$$1\ \text{kA}=10^3\ \text{A}$$

$$1\ \text{mA}=10^{-3}\ \text{A}$$

$$1\ \mu\text{A}=10^{-3}\ \text{mA}=10^{-6}\ \text{A}$$

在分析电路时，为了确定电路中各电流的实际流向，常常需要事先选定一个电流的方向，称为电流的参考方向。参考方向可以任意选定，用箭头标注在电路图上或用双下标表示。若电流实际方向与参考方向相同，则电流 I 取正值($I>0$)；若电流实际方向与参考方向相反，则电流 I 取负值($I<0$)。这样，根据电流的参考方向和电流的正负，就可以确定出电流的实际方向，如图 1－3 所示。图 1－3(a)、(b)中电流的参考方向也可以用双下标表示为 I_{ab} 和 I_{ba}，对于同一电流，有 $I_{ab}=-I_{ba}$。

实际应用中，电流的大小可以用电流表来测量，使用时应将电流表串联在被测电路中，电流从表的"＋"端流入，"－"端流出，如图 1－4 所示。

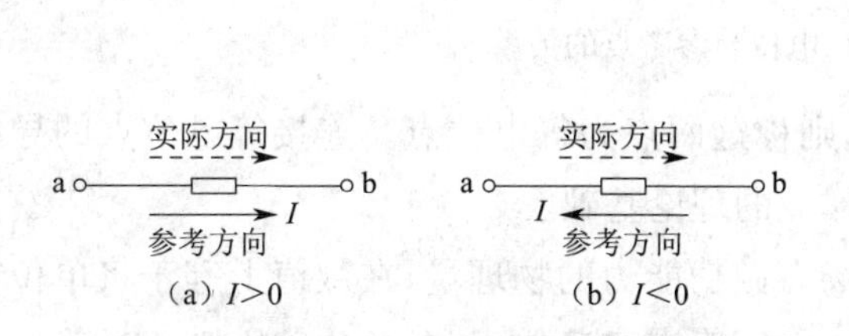

图 1－3　电流的参考方向与实际方向

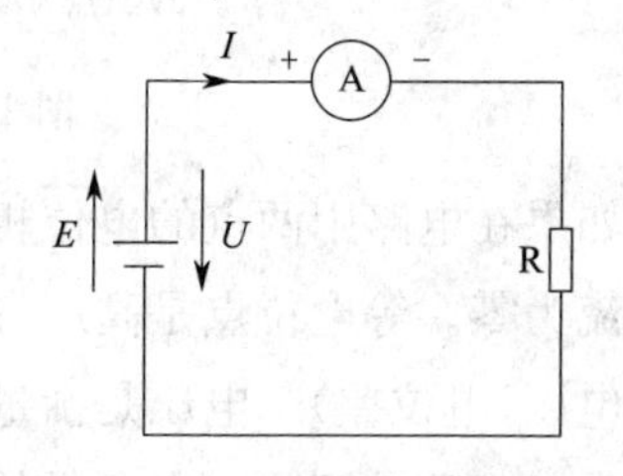

图 1－4　电流的测量

2. 电动势

我们知道，为了使水管中有水流，需要利用水泵将水从低处提升到高处。与此相类似，电路中要有持续的电流，需要利用电源内部的电源力，不断将正电荷从电源的负极移到正极，如图 1－2 所示。电池中的电源力由化学作用产生，发电机中的电源

力则由电磁作用产生。衡量电源力移动正电荷做功能力的物理量是电动势(E),它等于电源力将单位正电荷从负极移动到正极所做的功。

电动势的单位是伏特(V)。不同的电源具有不同的电动势,例如一般干电池的电动势为1.5 V;照明系统的正弦交流电动势有效值为220 V。

电动势的方向规定为由电源的负极指向正极,如图1－2和图1－4所示。

3.电位和电压(电位差)

电位　水流总是从高水位处流向低水位处,与此相类似,电流在外电路中流动时也是从高电位点流向低电位点。某处水位的高低,是相对于某一个基准点(参考点,例如地面)而言的。同样,电路中某点电位的高低,也是相对于一个参考点而言的。这个参考点称为零电位点,在电路中用符号"⊥"表示。

电位在数值上就等于电场力把单位正电荷从某点移动到参考点所做的功,用字母V表示,其单位也是伏特(V)。

应该注意的是,由于电路中选择的参考点不同,各点的电位也不同。如图1－5中,以A点为参考点($V_A=0$ V)时,单位正电荷从B点移动到A点(参考点)所做的功等于电源电动势E_1,所以B点的电位为$V_B=E_1=1.5$ V;以B点为参考点($V_B=0$ V)时,单位正电荷从A点移动到B点(参考点)需要克服电场力做功,因而A点的电位为$V_A=-E_1=-1.5$ V。同理可得,以A点为参考点时,$V_C=E_1+E_2=10.5$ V;以B点为参考点时,$V_C=E_2=9$ V。

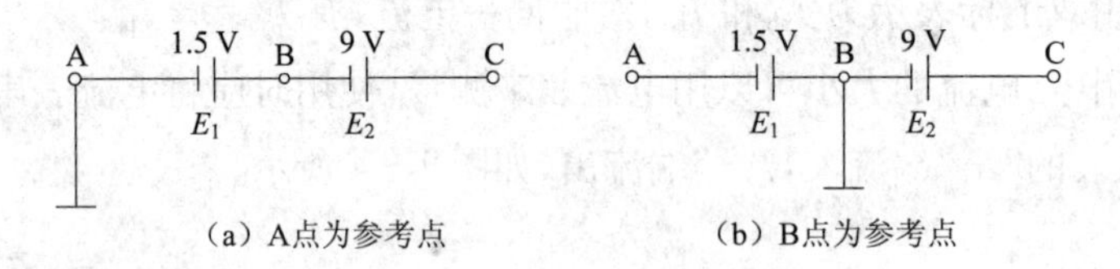

图1－5　电位与参考点的关系

如果在电路中两点的电位相同,则称这两点为等电位点。连接等电位点的导线中电流为零。等电位点是高压带电作业的理论基础。

电压(电位差)　电压是衡量电场力做功能力的物理量,在数值上等于将单位正电荷从一点移动到另一点所做的功。电压用字母U表示,其单位是伏特(V),常用单位还有千伏(kV)、毫伏(mV)、微伏(μV)等,它们之间的关系为

$$1\ \text{kV}=10^3\ \text{V}$$

$$1\ \text{mV}=10^{-3}\ \text{V}$$

$$1\mu\text{V}=10^{-3}\ \text{mV}=10^{-6}\ \text{V}$$

根据电位和电压的定义可知,电路中A、B两点间的电压U_{AB}等于它们之间的电

位差，即

$$U_{AB}=V_A-V_B \tag{1-3}$$

图1－5(a)中，以A点为参考点，C、A两点间的电压$U_{CA}=V_C-V_A=10.5-0=10.5$(V)；图1－5(b)中，以B点为参考点，C、A两点间的电压$U_{CA}=V_C-V_A=9-(-1.5)=10.5$(V)。由此可见，两点间的电压的大小与参考点的选择无关，即电位的高低是相对的，而电压值是绝对的。

电压的方向规定为由高电位点指向低电位点。因此，电源电压U的方向为电源的正极指向负极，与电源电动势E的方向相反，如图1－2和图1－4所示。

与电流类似，在无法确定电压的实际方向时，通常先选定一个方向作为电压的参考方向。若电压的实际方向与参考方向相同，则电压U为正值($U>0$)；若电压的实际方向与参考方向相反，则电压U为负值($U<0$)，如图1－6所示。

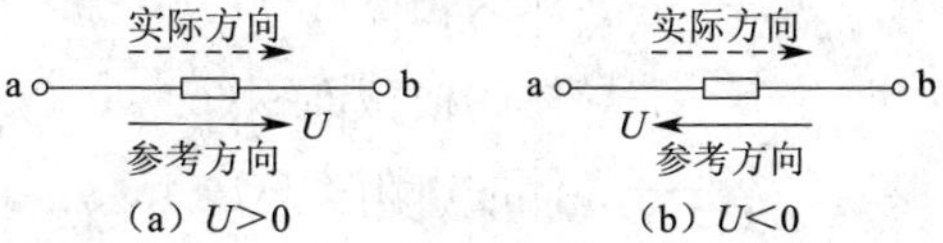

图1－6　电压参考方向与实际方向

电压的参考方向可以用箭头标注，也可以用双下标表示(例如电压U_{ab})，或者用从“＋”到“－”的极性标注。

在电路中，通常取电压的参考方向与电流的参考方向一致(电流从“＋”流入，从“－”流出)，称为关联参考方向。

电压的大小可用电压表或万用表的电压挡进行测量。测量时，应将电压表并接在被测电路的两端，表的“＋”端接高电位点，“－”端接低电位点，如图1－7所示。电路中某点的电位高低，也用电压表测量，即将电压表的“－”端接参考点，“＋”端接被测点，其读数就是该点的电位。若电压表反偏，表示被测点的电位为负值，调换电压表的“＋”“－”端即可。

第二节　电阻元件及欧姆定律

一、导体的电阻

金属导体中的电流是自由电子的定向移动形成的。自由电子在运动中会不断地与金属中的离子和原子相碰撞，使自由电子的运动受到阻碍。因此，导体对于通过它的电流呈现一定的阻碍作用。反映导体对电流起阻碍作用大小的物理量称为电阻，用字母R表示。电阻的基本单位是欧姆，简称欧，用字母Ω表示。

欧姆是这样定义的：当导体两端的电压是1 V，导体内通过的电流是1 A时，这段导体的电阻就1 Ω。除欧外，常用的电阻单位有kΩ和MΩ，它们的换算关系是：

$$1\ \mathrm{k\Omega}=10^3\ \Omega$$

$$1\ \mathrm{M\Omega}=10^6\ \Omega$$

导体的电阻是客观存在的，它与导体两端有无电压无关，即使没有电压，导体仍然有电阻。

实验证明：当温度一定时，均匀导体的电阻与导体的长度 l 成正比，与导体的横截面积 S 成反比，并与导体的材料性质有关，即：

$$R=\rho\frac{l}{S} \tag{1-4}$$

式中 R——导体的电阻(Ω)；

l——导体的长度(m)；

S——导体的横截面积($\mathrm{m^2}$)；

ρ——导体的电阻率(Ω·m)。

电阻率通常是指某种材料在 20 ℃时，长 1 m、截面积 1 $\mathrm{mm^2}$ 的电阻值。不同的材料有不同的电阻率，电阻率的大小反映了各种材料导电性能的好坏。电阻率大，导电性能越差。通常将电阻率小于 10^{-6} Ω·m 的材料称为导体，如银、铜、铝等；电阻率大于 10^7 Ω·m 的材料称为绝缘体，如橡胶、陶瓷、塑料等。生产中导体一般用铜、铝等电阻率小的金属制成；而为了安全，电工器具都采用电阻率较大的绝缘材料与导体隔离，如橡胶、塑料等。

表 1－2 列出了几种常用材料的电阻率。

表 1－2　几种材料的电阻率和电阻温度系数

材料名称	电阻率 ρ(Ω·m)	电阻温度系数 α(℃$^{-1}$)	材料名称	电阻率 ρ(Ω·m)	电阻温度系数 α(℃$^{-1}$)
银	1.6×10^{-8}	0.003 6	铁	10×10^{-8}	0.006
铜	1.7×10^{-8}	0.004	碳	35×10^{-6}	−0.000 5
铝	2.9×10^{-8}	0.004	锰铜	44×10^{-8}	0.000 005
钨	5.3×10^{-8}	0.002 8	康铜	50×10^{-8}	0.000 005

1. 电阻与温度的关系

温度对电阻有两方面的影响：一方面温度升高使导体中的带电粒子的热运动加剧，自由电子在导体中碰撞的机会增多，因而电阻增大；另一方面有些材料在温度升高时，会使单位面积内的自由电子或离子的数目增加，电流就会增大，相当于电阻值下降，如碳、电解液及某些合金材料等。不同的材料，当温度升高时，电阻变化的情况不同。一般采用温度系数反映电阻对温度变化的情况。所谓温度系数是指温度升高 1 ℃时，电阻所产生的变动值与原阻值的比值。用字母 α 表示，单位是 1/℃。

$$\alpha=\frac{R_2-R_1}{R_1(t_2-t_1)} \tag{1-5}$$

式中　t_1——参考温度(通常为 20 ℃);

t_2——导体所处的温度(℃);

R_1——t_1 时的电阻(Ω);

R_2——t_2 时的电阻(Ω);

α——电阻温度系数(1/℃)。

常用的几种金属材料的温度系数如表 1－2 所示。

当 $\alpha>0$ 时,材料的电阻值随温度的升高而增加,这类导体称为正温度系数材料;当 $\alpha<0$ 时,材料的电阻值随温度的升高而下降,这类材料称为负温度系数材料。

例 1－1　有一台电动机,它的绕组是铜线。在室温 26 ℃时,测得电阻为 1.25 Ω;转动 3 h 后,测得的电阻增加到 1.5 Ω。求此时电动机绕组线圈的温度是多少?

解:由公式(1－5)得

$$t_2=\frac{R_2-R_1}{\alpha R_1}+t_1=\frac{1.5-1.25}{0.004\times1.25}+26=76(℃)$$

2. 电导

电阻的倒数叫做电导,用符号 G 表示,即:

$$G=\frac{1}{R} \tag{1-6}$$

导体的电阻越小,电导就越大,表明导体的导电性能越好。电阻和电导是导体同一性质的不同表示方法,并不是导体在本质上有什么变化。电导的单位是西门子,简称西,用字母 S 表示。

二、欧姆定律

1. 部分电路欧姆定律

图 1－7 为不含电源的部分电路。当在电阻 R 两端加上电压 U 时,电阻中就有电流流过。

1827 年德国物理学家欧姆在实验中发现:流过电阻器的电流 I,与电阻两端的电压 U 成正比,与电阻 R 成反比,这个结论叫做欧姆定律。在电压、电流的参考方向一致的条件下,它的数学表达式为:

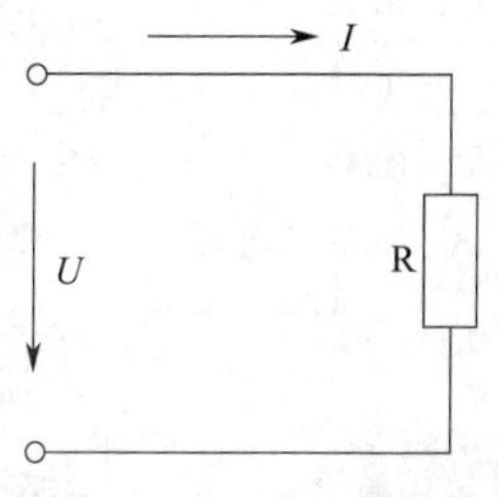

图 1－7　不含电源电路

$$I=\frac{U}{R} \quad 或 \quad U=IR \tag{1-7}$$

若电压、电流的参考方向不一致，则式(1－12)应写为：

$$I=-\frac{U}{R} \quad 或 \quad U=-IR$$

欧姆定律揭示了电路中电流、电压、电阻三者之间的关系，是电路的基本定律之一，它的应用非常广泛。

例1-2 有一电阻，当它两端加上10 V电压时，流过的电流为0.5 A，求电阻的阻值。

解：由 $R=\frac{U}{I}$ 得：$R=\frac{U}{I}=\frac{10}{0.5}=20(\Omega)$

2. 线性电阻的电流电压关系

通常所遇到的大多数电阻元件，其阻值 R 可以认为是不变的常数，即 R 值与所加电压及通过它的电流大小与方向均无关。假设一电阻 $R=10\ \Omega$，则由欧姆定律得：$U=10I$。由此可知，这时电压 U 与电流 I 之间是线性关系。

如果用沿水平方向的横坐标表示电压 U，沿垂直方向的纵坐标表示电流 I，则可根据表达式 $U=10I$ 作曲线图，如图1－15所示，这是一条直线。

这种电压与电流之间总是具有直线关系的电阻称为线性电阻。线性电阻是一种线性的电路元件，全部由线性元件构成的电路叫做线性电路。

在一般情况下，表示一个元件的电压与电流之间的关系曲线，称为此元件的伏安特性曲线，图1－8即为电阻的伏安特性曲线。

3. 全电路欧姆定律

全电路是指含有电源的闭合电路，如图1－9所示。图中的虚线框内代表一个电源，用字母G表示。电源的内部一般都是有电阻的，此电阻称为内电阻(以下称内阻)，用 R_0 表示。为了分析方便，通常在电路图上把 R_0 单独画出；也可以不单独画出，只在电源符号的旁边注明内阻的数值。

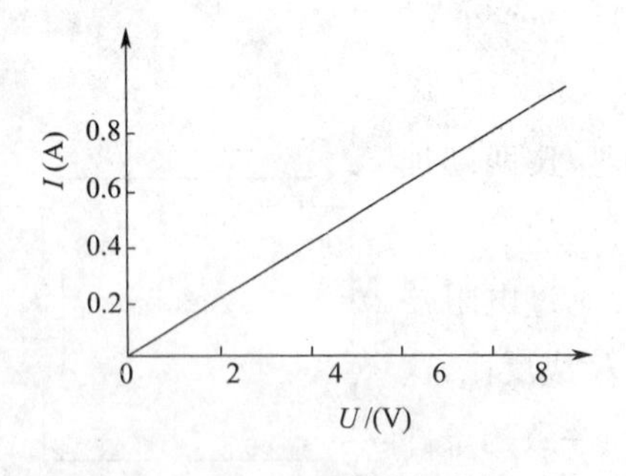

图1－8 线性电阻的伏安特性曲线

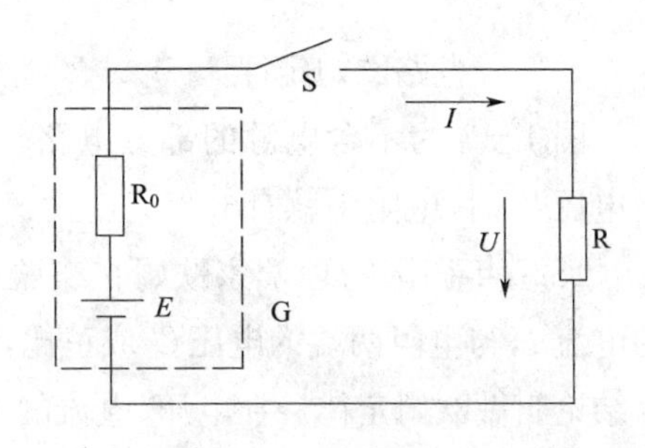

图1－9 全电路

当开关S闭合时，负载R上就有电流流过，这是因为电阻两端有了电压U的缘故。电压U是电动势E产生的，它既是电阻两端的电压，又是电源的端电压。

下面讨论E与U的关系。开关S断开时，电源的端电压在数值上等于电源的电动势(方向是相反的)。当S闭合后，如果用电压表测量电阻两端的电压便会发现，所测数值比开路电压小，或者说，闭合电路中电源的端电压小于电源的电动势，这是为什么呢？这是因为电流流过电源内部时，在内阻上产生了电压降，$U_0=IR_0$。可见电路闭合时端电压U应该等于电源电动势减去电源内部压降U_0，即：

$$U=E-U_0$$

把$U_0=IR_0$和$U=IR$代入上式可得：

$$I=\frac{E}{R+R_0} \tag{1-8}$$

式(1—8)表明：在一个闭合电路中，电流与电源的电动势成正比，与电路中的内阻与外电阻之和成反比。这个规律称为全电路欧姆定律。

例1—3 电源的电动势为3 V，内阻为0.4 Ω，外接负载电阻为9.6 Ω，求电源端电压和内压降。

解：

闭合电路中的电流为：$I=\frac{E}{R+R_0}=\frac{3}{9.6+0.4}=0.3(\text{A})$

内压降为：$U_0=IR_0=0.3\times0.4=0.12(\text{V})$

端电压为：$U=IR=0.3\times9.6=2.88(\text{V})$ 或 $U=E-U_0=3-0.12=2.88(\text{V})$

例1—4 已知电池的开路电压U_K为1.5 V，接上9 Ω负载电阻时，其端电压为1.35 V。求电池的内阻R_0。

解：

开路时$E=U_K$，得$E=1.5(\text{V})$

接9 Ω负载时$U=1.35(\text{V})$，得$I=\frac{U}{R}=\frac{1.35}{9}=0.15(\text{A})$

故电源的内阻R_0为：$R_0=\frac{E}{I}-R=\frac{1.5}{0.15}-9=1(\Omega)$

4.电源的外特性

若将全电路欧姆定律写成$U=E-IR_0$的形式，则此式可以看成是电源的端电压U与输出电流I之间的关系。如果用纵坐标表示电源的端电压U，横坐标表示电源的输出电流I，则电压与电流的关系曲线称为电源的外特性曲线。当电源内阻R_0为常数时，外特性曲线为一向下倾斜的直线，如图1—10所示。

当$I=0$时，即电源空载，此时$U=E$，电源端电压最大。随着输出电流I的增加，电源端电压按直线规律下降。人们通常把流过大电流的负载称为大负载，流过小电流的负载称为小负载。这样，根据外特性曲线可以看出：当电源接大负载时，端电压将下降很多；当电源接小负载时，端电压将有较少的下降。

电源端电压的高低不但与负载有密切关系，而且与电源图1—10外特性曲线的内阻大小有关。在负载电流不变的情况下，内阻减小，端电压的下降减小，内阻增大，端电压的下降增大。当内阻为零时，也就是在理想情形下（这时的电源称为理想电源），端电压不再随电流变化，如图1—10的虚线所示。

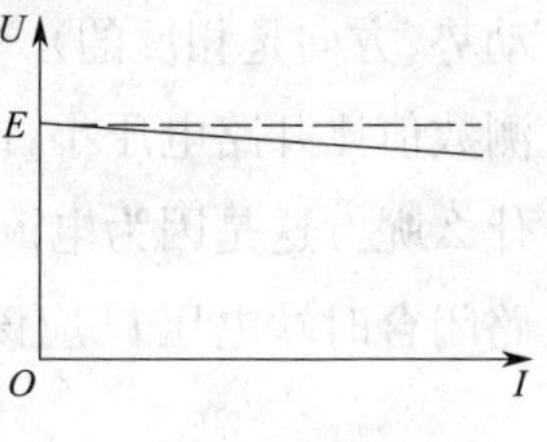

图1—10　外特性曲线

三、电路的工作状态

1. 通路　通路就是电源与负载接成的回路，也就是图1—11所示电路中开关合上时的工作状态，这时电路中有电流通过。必须注意，处于通路状态的各种电气设备的电压、电流、功率等数值不能超过其额定值。

2. 断路　断路就是电源与负载未接成闭合回路，也就是图1—11中开关断开时的工作状态，这时电路中没有电流通过。在实际电路中，电气设备与电气设备之间、电气设备与导线之间连接时的接触不良也会使电路处于断路状态。断路又称开路。

3. 短路　短路就是电源未经负载而直接由导线（导体）构成通路，如图1—12所示。短路时，电路中流过比正常工作时大得多的电流，可能烧坏电和其他设备。所以，应严防电路发生短路。

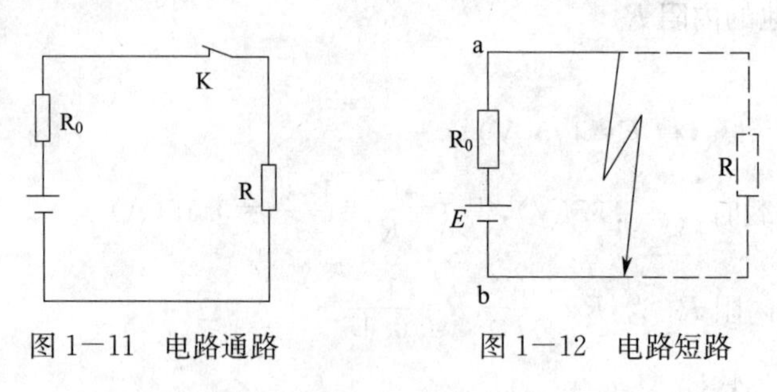

图1—11　电路通路　　图1—12　电路短路

第三节　电功和电功率

一、电　　功

电场力移动电荷所做的功，称为电流的功，简称电功。也就是电流流过负载时所做的功。例如:电流流过灯泡负载时做功,使灯泡发光;电流流过电动机负载时做功,电动机转子转动输出机械能。直流电路中电流所做电功的表达式为

$$W=UIt \tag{1-9}$$

式中 W——电功或电能(J);

U——负载两端的电压(V);

I——流过负载的电流(A);

t——电流做功的时间(s)。

二、电 功 率

电功率是指电流在单位时间内所做的电功。直流电路中电功率用字母 P 表示为

$$P=\frac{W}{t}=UI \tag{1-10}$$

对于电阻负载,根据欧姆定律 $U=RI$,有

$$P=UI=I^2R=\frac{U^2}{R} \tag{1-11}$$

电功率的单位为瓦特,简称瓦,用字母 W 表示,常用单位还有千瓦(kW)、毫瓦(mW)等,它们之间的关系为

$$1\ \mathrm{kW}=10^3\ \mathrm{W}$$

$$1\ \mathrm{mW}=10^{-3}\ \mathrm{W}$$

在实际应用中,电功(电能)的单位常用千瓦时(kW·h)表示,它表示功率为1 kW的负载通电 1 h 所消耗的电能。

例 1-5 有一 220 V,40 W 的白炽灯,接在 220 V 的供电线路上,若平均每天使用 2.5 h,电价是每千瓦时 0.22 元,求每月(以 30 天计)应付的电费。

解:

每月用电时间:2.5×30=75(h)

每月消耗电能:$A=Pt=0.04\times75=3$(kW·h)

每月应付电费:0.22×3=0.66(元)

三、焦耳-楞次定律

电流通过导体时会产生热,这种现象称为电流的热效应。这是因为电流通过导体时,使导体分子的热运动加剧,一部分电能转换成热能,使导体的温度升高。

实验表明,电流 I 流过阻值为 R 的电阻,在 t 内所发出的热量为:

$$Q=I^2Rt \tag{1-12}$$

式中　Q——电流流过导体发出的热量，单位是J。

式(1－12)是由英国物理学家焦耳和俄国科学家楞次各自独立地用实验方法得出，故称为焦耳-楞次定律。它的物理意义是：电流流过导体产生的热量，与电流的平方、导体的电阻和通电时间成正比。

电流的热效应应用很广泛，根据这一原理可以制作电炉、电烙铁、电吹风、电热容器等电热器。还可以制作对电路起保护作用的元件，如熔断器就是一种最简单的保险装置。电流的热效应也有其不利的一面，如使导线发热，这不但消耗了电能，而且使用电设备的温度升高，加速绝缘材料的老化、变质，导致漏电，甚至烧坏设备。

为了保证电气元件和电气设备长期安全工作，应规定一个最高工作温度。显然，工作温度取决于发热量，而发热量又由电流、电压或功率决定，因此，对上述三个参数值应有规定。电气元件和电气设备所允许的最大电流、电压和功率分别叫做额定电流、额定电压和额定功率。如灯泡上标的"220 V 40 W"即是额定值。电气设备的额定值通常标在一块小金属牌上，附于设备的外壳上，叫做铭牌。因而额定值又可以叫做铭牌数据。

例1－6　电动机额定电压是110 V，电阻是0.4 Ω，在正常工作时，通过的电流是5 A，求电动机每秒钟所做的电功及产生的热量？

解：

电动机每秒钟做的电功为：

$A=IUt=5\times110\times1=550(\mathrm{J})$

电动机每秒钟产生的热量为：

$Q=I^2Rt=5^2\times0.4\times1=10(\mathrm{J})$

第四节　电阻的连接

一、电阻的串联

几个电阻按顺序依次相联，使电流只有一条流通的路径，这种方式称为电阻的串联，如图1－13所示。

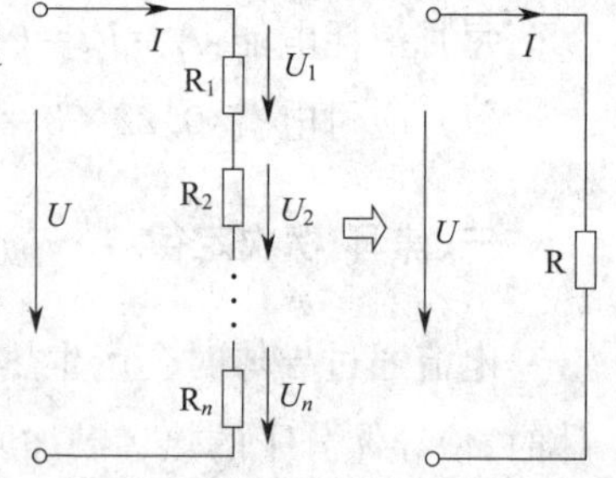

图1－13　电阻串联电路

电阻串联电路的特点是：

1)流经各电阻的电流相同，即流经电阻R_1、R_2、…、R_n的电流均为I。

2)总电压等于各电阻上的电压之和，即

$$U=U_1+U_2+\cdots+U_n \tag{1-13}$$

3)电路的等效电阻(总电阻)等于各电阻之和,即:

$$R=R_1+R_2+\cdots+R_n \tag{1-14}$$

4)每个电阻分得的电压与电阻成正比,即

$$U_i=\frac{R_i}{R}U \tag{1-15}$$

式(1-15)称为电阻串联电路的分压公式。由式可见,当电阻串联使用时,电阻越大,分得的电压也越大。电阻串联电路的应用很多。例如:在电源电压较高时,通过串联分压电阻,可以使负载获得所需的正常工作电压;在电源电压或负载变化时,通过串联限流电阻,可以避免电路中出现过大的电流。

例1-7 某维修电工希望将一只内阻 $R_g=2\ k\Omega$,满偏电流(使表头满量程偏转的电流)$I_g=50\ \mu A$ 的电流表表头改装成 10 V 和 250 V 的双量程电压表,试问:其应该如何改装?

解:该电流表表头满偏时,其电压为

$U_g=I_gR_g=50\times10^{-6}\times20\times10^3=0.1(V)$

为扩大其量程,应串联分压电阻,如图 1-14 所示。若改装成量程为 10 V 的电压表,分压电阻 R_1 上的电压 $U_1=10-0.1=9.9(V)$

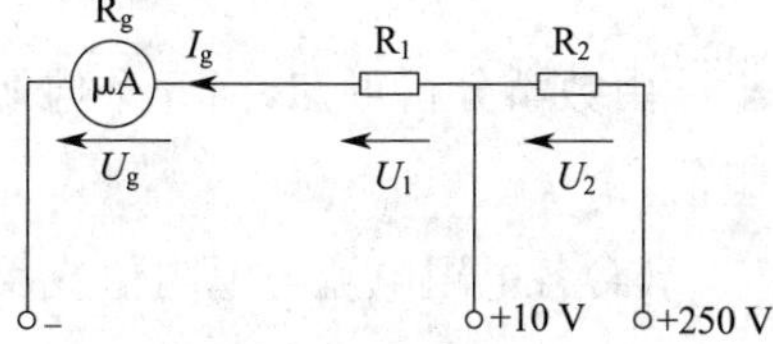

图 1-14 双量程电压表

所以

$$R_1=\frac{U_1}{I_g}=\frac{9.9}{50}=198(k\Omega)$$

若改装成量程为 250 V 的电压表,分压电阻 R_2 上的电压 $U_2=250-10=240(V)$,所以

$$R_2=\frac{U_2}{I_g}=\frac{240}{50}=4\ 800(k\Omega)$$

由计算可知,在量程为 250 V 时,该电压表的内阻为 $R=R_g+R_1+R_2=(1+198+4\ 800)k\Omega=5\ M\Omega$,其内阻很大。将电压表并联在电路中测量电压时,电压表的内阻越大,测量值越准确。

二、电阻的并联

几个电阻的一端连在一点,另一端也连在一点,使各电阻承受相同的电压,这种连接方法称为电阻的并联,如图 1-15 所示。

电阻并联电路的特点是:

(1)各电阻两端的电压相等,且都等于 U。

(2) 总电流等于电路中各电阻电流之和，即

$$I=I_1+I_2+\cdots I_n \qquad (1-16)$$

(3)电路的等效电阻(总电阻)的倒数等于各电阻倒数之和，即

$$\frac{1}{R}=\frac{1}{R_1}+\frac{1}{R_2}+\cdots+\frac{1}{R_n} \qquad (1-17)$$

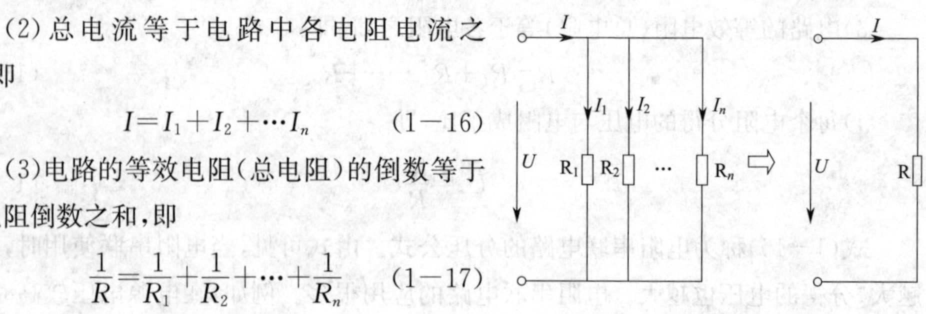

图 1—15　电阻并联电路

对于两个电阻的并联电路，有

$$R=\frac{R_1R_2}{R_1+R_2} \qquad (1-18)$$

式(1—18)可以简写为

$$R=R_1/\!/R_2$$

由数学分析可知，当 n 个电阻并联时，其等效电阻的阻值小于其中最小的电阻阻值。

(4)各电阻电流与电阻值成反比。两个电阻并联时，有

$$I_1=\frac{R_2}{R_1+R_2}I$$

$$I_2=\frac{R_1}{R_1+R_2}I \qquad (1-19)$$

式(1—19)称为电阻并联电路的分流公式。由式(1—19)可见，由于并联电阻两端的电压相等，因而电阻越大，其分流越小。

实际电路中，相同电压的电灯、电炉、电动机等用电设备均并联在电源两端使用，当其中的某一用电负载改变时，对其他并联负载的工作没有影响。并联的负载越多，等效阻值就越小，电路总电流和电源提供的功率也越大。

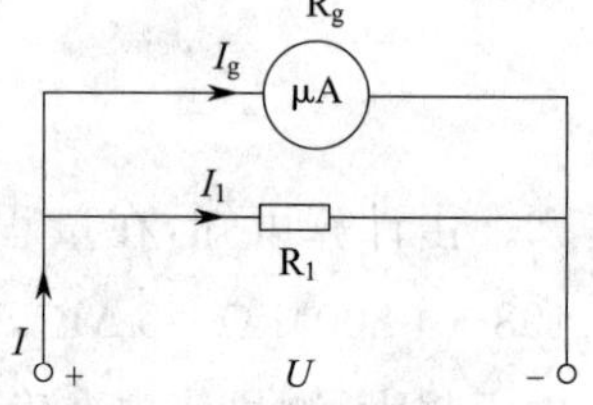

图 1—16　电流表扩大量程

例 1—8　某万用表的表头内阻 $R_g=2\ \text{k}\Omega$，满偏电流 $I_g=50\ \mu\text{A}$，现要改装成量程为 1 A 的电流表，其扩流电路如图 1—16 所示，求并联电阻阻值。

解：要将该万用表改装成量程的 1 A 电流表，即通过并联分流电阻 R_1，使 1 A 的电流流入电路时，表头刚好满偏。此时，分流电阻 R_1 中的电流为

$$I_1=I-I_g=1\ 000-0.5=999.95(\text{mA})$$

并联电阻两端的电压为

$$U=I_gR_g=50\times10^{-6}\times20\times10^{3}=0.1(\text{V})$$

分流电阻为

$$R_1=\frac{U}{I_1}=\frac{0.1}{999.95}=0.1(\Omega)$$

在量程为 1 A 时，电流表的内阻为

$$R=R_g /\!/ R_1 \approx R_1=0.1(\Omega)$$

由此可见，电流表的内阻很小。显然，电流表内阻越小，在串联于电路中进行电流测量时，对电路的影响就越小，测量结果就越准确。

三、电阻的混联

既有电阻串联又有电阻并联的电路称为电阻混联电路，如图 1－17 所示。

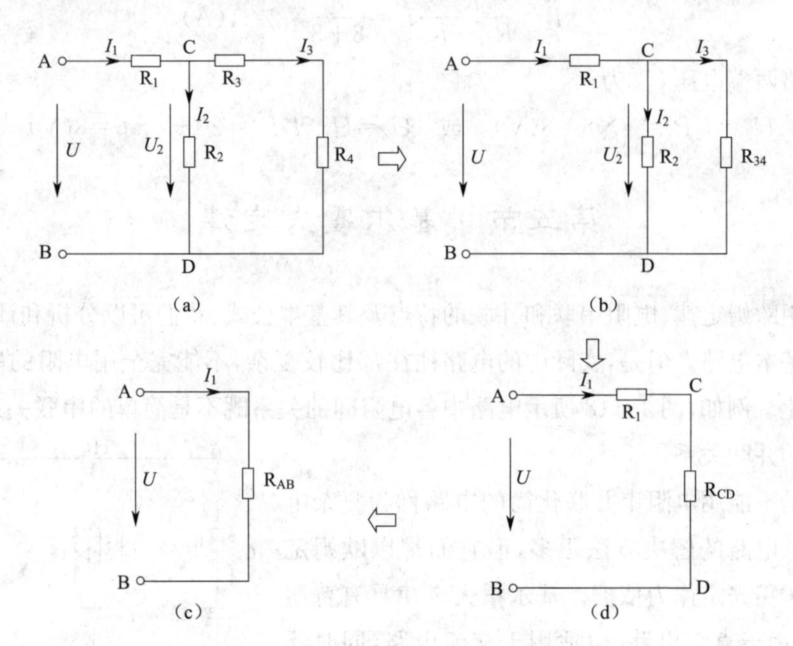

图 1－17　电阻混联电路及其等效电路

例 1－9　如图 1－17(a)所示，已知 $U=20$ V，$R_1=6$ Ω，$R_2=8$ Ω，$R_3=4$ Ω，$R_4=4$ Ω。试求：(1)等效电阻 R_{AB}；(2)电流 I_1、I_2、R_3；(3)电压 U_2。

解：在分析混联电路时，应先分清哪些电阻串联，哪些电阻并联，再通过画等效电路，求出等效电阻。

图 1－17(a)中，电阻 R_3 和 R_4 串联，其等效电阻为

$$R_{34}=R_3+R_4=4+4=8(\Omega)$$

画出等效电路如图 1－17(b)所示，R_{34} 与电阻 R_2 并联，等效电阻 R_{CD} 为

$$R_{CD}=R_{34}//R_2=\frac{R_{34}R_2}{R_{34}+R_2}=\frac{8\times8}{8+8}=4(\Omega)$$

R_{CD}与电阻 R_1 串联，如图 1－17(c)所示，电路总的等效电阻为

$$R_{AB}=R_{CD}+R_1=4+6=10(\Omega)$$

由图 1－17(d)可以得出电路总电流为

$$I_1=\frac{U}{R_{AB}}=\frac{20}{10}=2(A)$$

根据电阻并联电路的分流公式，由图 1－17(b)可得

$$I_2=\frac{R_{34}}{R_{34}+R_2}I_1=\frac{8}{8+8}\times2=1(A)$$

$$I_3=\frac{R_2}{R_{34}+R_2}I_1=\frac{8}{8+8}\times2=1(A)$$

并联电路两端电压 U_2 为

$$U_2=I_2R_2=1\times8=8(V)\quad 或\quad U_2=U-I_1R_1=20-2\times6=8(V)$$

第五节　基尔霍夫定律

利用欧姆定律、电阻串联和并联的特点及其基本公式，我们可以分析和计算一些简单的基本电路。但是，实际中的电路往往都比较复杂，不能完全用电阻的串、并联加以简化。例如，图 1－18 所示电路中各电阻间的关系既不是简单的串联关系，也不是单一的并联关系。

凡是不能用电阻串并联化简的电路称为复杂电路。复杂电路的解决方法很多，但它们都以欧姆定律和基尔霍夫定律为依据。基尔霍夫定律具有普遍性，既适用于直流电路，也适用于交流电路，同时还适用于含有电子元器件的非线性电路。它是分析电路的基本定律。

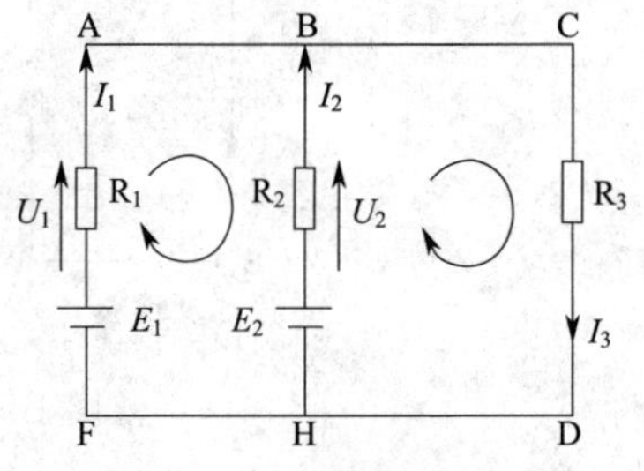

图 1－18　复杂电路

在讨论基尔霍夫定律前，首先介绍几个常用的名词术语。

(1)支路　支路是电路中通过相同电流的每条分支。一条支路可以是一个元件，也可以是几个元件依次相接而成。如图 1－18 所示，该电路共有 3 条支路：左边 AF 支路和中间 BH 支路均由两个元件串联而成，其中分别含有电源 E_1 和 E_2，这两条支路称为有源支路；右边 CD 支路就只有一个元件，其中不含电源，称为无源支路。

(2)节点　3 条或 3 条以上支路的连接点.称为节点。图 1－8 电路中有 B 和 H

两个节点。

(3)回路　电路中的任何一条闭合路径都称为回路。图1－8电路中有3个回路:ABHFA、BCDHB和ABCDHFA。

一、基尔霍夫电流定律(KCL)

基尔霍夫电流定律研究的是通过某一节点的各支路电流之间的相互关系。根据电流连续性原理,在任何节点上都不可能有电荷的积累,所以在任何时刻流入节点的电流之和一定等于流出该节点的电流之和,即

$$\sum I_{\text{入}}=\sum I_{\text{出}} \tag{1-20}$$

在图1－18所假设的电流参考方向下,对于节点B,可得到3条支路的电流关系为

$$I_1+I_2=I_3$$

或

$$I_1+I_2-I_3=0$$

上式的一般形式为

$$\sum I=0 \tag{1-21}$$

式(1－21)表明:任何时刻,在电路的任一节点上,所有支路的电流代数和为零,这就是基尔霍夫电流定律。通常规定流入节点的电流为正,流出节点的电流为负。显然,式(1－20)和式(1－21)是同一定律的两种形式。

根据基尔霍夫电流定律,在图1－18所示电路中,若已知$I_1=5$ A,$I_3=2$ A,则$I_2=I_3-I_1=2-5=-3$(A)。这里I_2为负值,说明该电流的实际流向与参考方向相反,即I_2的实际是流出节点B的。

基尔霍夫电流定律不仅适用于节点,也可以推广到封闭的面,即通过任一封闭面的电流代数和为零。如图1－19所示,假设有一个封闭面将晶体管包围,则晶体管的3个引脚电流之间的关系为

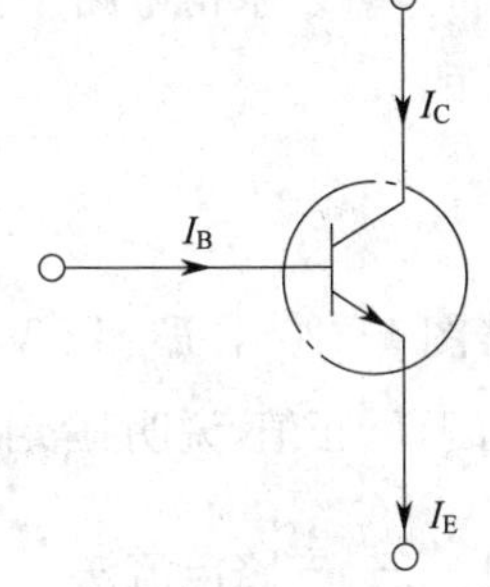

图1－19　基尔霍夫电流定律推广

$$I_E=I_B+I_C$$

二、基尔霍夫电压定律(KVL)

基尔霍夫电压定律研究的是回路中各部分电压之间的关系。其内容是:任一时刻电路中任一闭合回路内各段电压的代数和为零,即

$$\sum U=0 \tag{1-22}$$

在应用基尔霍夫电压定律时,必须先选定一个回路的绕行方向。各段电压的参考方向与回路绕行方向一致时,电压取"+"号;各段电压参考方向与回路绕行方向相反时,电压取"-"号。

以图 1-18 中的 ABHFA 回路为例,根据基尔霍夫电压定律,回路中 E_1、R_1、R_2、E_2 上的电压代数和等于零。选定回路的绕行方向为顺时针方向,有

$$-U_2+E_2-E_1+U_1=0$$

电阻元件的电压和电流为关联参考方向,应用欧姆定律可将上式写成

$$-I_2R_2+E_2-E_1+I_1R_1=0$$

这个表达式也可以直接由基尔霍夫电压定律得到,当电阻中的电流参考方向与回路绕行方向一致时,IR 前取"+"号,反之取"-"号。

基尔霍夫电压定律不仅适用于闭合回路,还可推广到电路中任何一个不闭合回路。如图 1-20 所示,虽然 A、B 两点间无任何电路元件连接,但是可以假设其电压为 U,参考方向如图所示。这样,选定回路的绕行方向为顺时针方向,应用基尔霍夫电压定律可得:

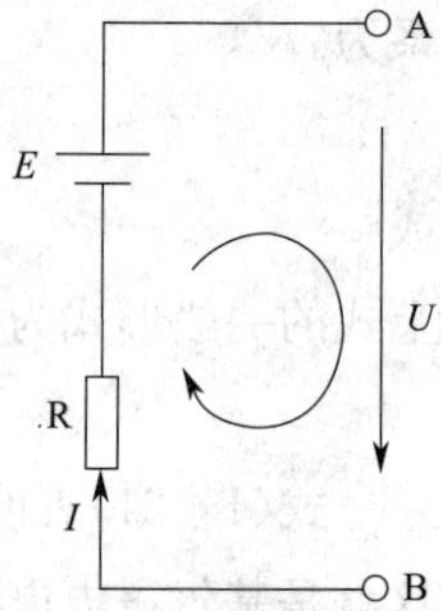

$$U+IR-E=0$$

图 1-20 基尔霍夫电压定律推广

同时,可以求得电路中任意两点之间的电压 U 和电路中的电流 I,即

$$U=E-IR;I=\frac{E-U}{R}$$

若图 1-20 中 $E=12$ V,$I=0.1$ A,$R=100$ Ω,则 $U=E-IR=12-0.1\times100=2$(V)。由于 U 正值,说明其实际方向与图中的参考方向相同。

三、支路电流法

支路电流法是求解复杂电路的一种最基本的方法。它以支路电流为未知数,应用基尔霍夫定律,列出与支路电流数目相同的方程式,通过求解方程组直接求得各支路电流。

例 1-10 汽车发电机(E_1)、蓄电池(E_2)和负载(R_3)并联电路如图 1-21 所示,已知 $E_1=12$ V,$E_2=6$ V,$R_1=R_2=1$ Ω,$R_3=4$ Ω,试求各支路电流的大小。

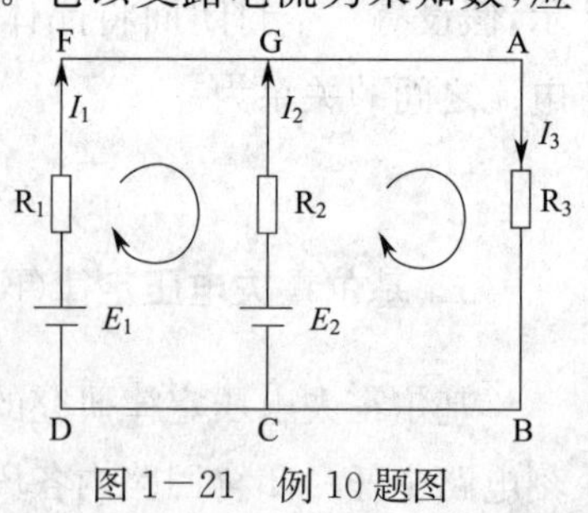

图 1-21 例 10 题图

解:应用支路电流法解题步骤如下:

(1)确定支路数 b,选择各支路电流的参考方向,并在电路图上加以标出。

该电路有 3 条支路,各支路电流,即待求电流 I_1、I_2 和 I_3 的参考方向如图 1—21 中所示。

(2)确定节点数 n,应用基尔霍夫电流定律列出独立的节点电流方程。

该电路有 G、C 两个节点,其节点电流方程分别为

节点 G:$I_1+I_2-I_3=0$

节点 C:$-I_1-I_2+I_3=0$

显然,G、C 两个节点的电流方程是重复的。因此,对于具有两个节点的电路,只要列出其中任意一个节点的电流方程即可。这个节点称为独立节点,相应的方程就是独立的节点电流方程。对于具有 n 个节点的电路,其独立的节点电流方程数为$(n-1)$。

(3)选定回路绕行方向,应用基尔霍夫电压定律列出不足的方程式。

图 1—21 电路中需要求解 3 个电流未知数,因此需要 3 个方程式。现已列出一个节点电流方程,尚缺的两个方程式可以由基尔霍夫电压定律列出。选定回路的绕行方向为顺时针方向,任选两个回路列出基尔霍夫电压方程为

FGCDF 回路:$-I_2R_2+E_2-E_1+I_1R_1=0$

GABCG 回路:$I_3R_3-E_2+I_2R_2=0$

上述两个方程相互独立,称为独立的基尔霍夫电压方程。可以证明,对于具有 b 条支路,n 个节点的电路,其独立的基尔霍夫电压方程数为 $b-(n-1)$。

这样,$(n-1)$个独立的节点电流方程加上 $b-(n-1)$个独立的电压方程正好等于电路的支路数 b,通过求解联立方程组,就可以求得各支路电流。

(4)将已知数带入方程,解方程组,求解各支路电流。

$$\begin{cases} I_1+I_2-I_3=0 \\ -I_2+6-12+I_1=0 \\ 4I_3-6+I_2=0 \end{cases}$$

解得:$I_1=4\ \text{A}$,$I_2=-2\ \text{A}$,$I_3=2\ \text{A}$。

计算结果是否正确,可将计算值带入任一方程中进行验算。

图中 I_1、I_3 的电流为正值,表示该支路电流的实际流向与参考方向相同;I_2 为负值,表示该支路电流的实际流向与参考方向相反。这说明汽车在行驶时,车上的发电机 E_1 一方面对负载 R_3 供电(如电灯、风扇等),另一方面还要对蓄电池 E_2 充电。此时,蓄电池吸收发电机的电能并转变为化学能储存起来。当汽车停止时,发电机回路自动切断,由蓄电池对负载继续供电。

通过进一步分析上面的例子可以发现,当两组电源并联使用时,若要求它们同时

向负载供电，应选择两组电动势、内阻相等的电源。否则，电动势低的电源不仅不供电，反而要消耗电能。

第六节　电压源、电流源及其等效变换

实际的电源(如发电机、电池)工作时，总有一定的电压和电流输出。对于负载而言，电源可看成电压的提供者，也可以看成电流的提供者，所以实际电源可以有电压源和电流源两种等效电路。

一、电 压 源

我们知道，实际的电源具有电动势 E 和内阻 R_0。可以用图 1－22(a)所示的串联电路表示。这种电源的等效电路称为电压源电路，简称电压源。根据基尔霍夫定律，负载电压 U 与电压源电动势 E 以及内阻 R_0 的关系为

$$U=E-IR_0$$

前面已经讨论过，此时负载电压 U 随输出电流 I 增大(负载电阻减小)而减小，其伏安特性曲线如图 1－22(b)所示。

若电压源内阻 R_0 为零，则

$$U=E$$

由于电源电动势 E 通常为常数，所以此时负载电压 U 为恒定值，不受输出电流或负载电阻变化的影响。我们把这种内阻 $R_0=0$ 的电压源称为理想电压源，或称恒压源。

理想电压源实际并不存在，但如果电源内电阻 R_0 远小于负载电阻 R，即内阻上的电压 U_0 远小于负载电压 U 时，U_0 可以忽略，$U\approx E$，基本恒定，可以近似看成理想电压源。常用的稳压电源可以认为是恒压源。

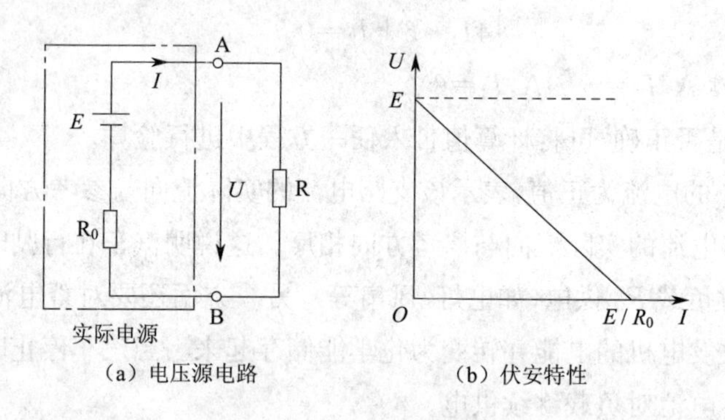

(a) 电压源电路　　(b) 伏安特性

图 1－22　电压源

二、电 流 源

实际电源的等效电路除用电动势 E 和内阻 R 的串联电路表示外，还可以用恒定电流 I_S 和内阻 R'_0 的并联电路来表示，如图 1－23(a)所示。该电路称为电流源电路，简称电流源。

由并联电路的基本公式，可得负载电流为

$$I=I_S-\frac{U}{R'_0}$$

式中 $\frac{U}{R'_0}$——内阻上的分流。

电流源的伏安特性曲线如图 1－23(b)所示。

当电流源内阻 $R'_0=\infty$时，有

$$I=I_S$$

我们把这种内阻 $R'_0=\infty$的电流源称为理想电流源，其输出电流恒定为 I_S，不受输出电压或负载电阻的影响。理想电流源也称为恒流源。

同样，理想电流源实际也是不存在的。但如果电源内阻 R'_0 远大于负载电阻 R 即内阻 R'_0 的分流$\frac{U}{R'_0}$远小于负载电流 I 时，$\frac{U}{R'_0}$可以忽略，$I\approx I_S$，基本恒定，可以近似看成恒流源。通常放大电路中的晶体管以及光电池等可以认为是恒流源。

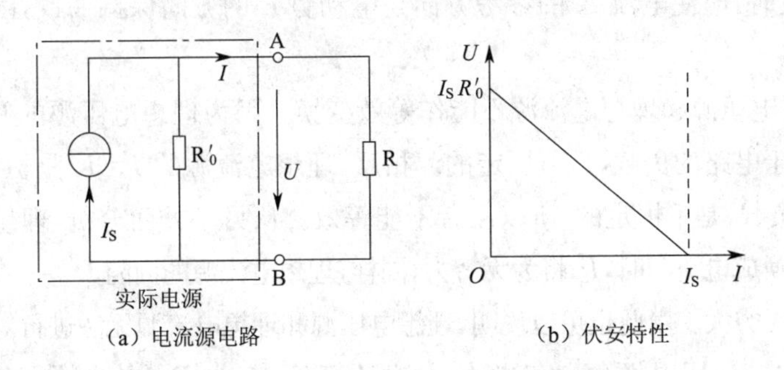

(a) 电流源电路　　(b) 伏安特性

图 1－23　电流源

三、电压源和电流源的等效互换

一个实际电源无论等效为电压源还是等效为电流源，它们的作用都是相同的，都是向负载提供电压和电流。如果两者向同一负载提供的电压和电流相同，则对于该负载而言，它们是等效的。从电压源和电流源的伏安特性曲线也可以看出，在一定的条件下，两条曲线完全一致，即两种电源可以等效互换。

在图 1—22(a)的电压源电路中，负载 R 上得到的电流为

$$I=\frac{E-U}{R_0}=\frac{E}{R_0}-\frac{U}{R_0}$$

在图 1—23(a)的电流源电路中，负载 R 上得到的电流为

$$I=I_S-\frac{U}{R'_0}$$

根据电路等效的要求，上述两式的对应项应该相等，由此可得电压源与电流源等效变换的条件为

$$\left.\begin{aligned}&I_S=\frac{E}{R_0}\text{或}E=I_SR_0\\&R_0=R'_0\end{aligned}\right\}\qquad(1-23)$$

由此可见，在两种电源作等效变换时，电流源的电流 I_S 为电压源的短路电流 $\frac{E}{R_0}$，电源内阻保持不变。电压源和电流源的等效变换电路如图 1—24 所示。

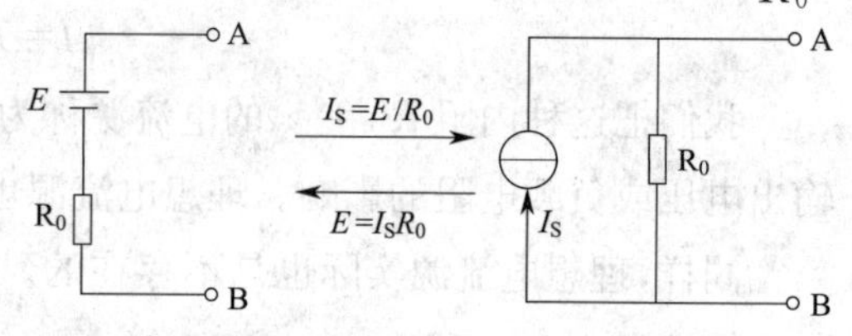

图 1—24　两种电源的等效变换

需要注意的是：

(1)电源的等效变换是对电源以外的负载而言，电源内部并不等效。例如，电压源开路时，内阻 R_0 上不消耗功率，而电流源开路时，其内阻上 R'_0 有功率损耗 $I_S^2R'_0$。

(2)变换时，应使电流 I_S 的参考方向与电动势 E 的方向保持一致，由电压源的负极指向正极。

(3)理想电压源和理想电流源不能作等效变换。因为理想电压源的 $U=E$ 是恒定的，I 则取决于电路的负载，是不恒定的。相反，理想电流源的 $I=I_S$ 是恒定的，U 则取决于电路的负载，是不恒定的，所以两者不能等效。从另一方面分析，理想电压源的内阻 $R_0=0$，变换成电流源时，I_S 将为无穷大；同样，理想电流源的内阻 $R'_0=\infty$，变换成电压源时，E 将为无穷大。由此也可以说明，理想电压源和理想电流源无法进行等效变换。

例 1—11　试用电源等效变换的方法计算例 10 中 R_3 支路的电流，电路如图 1—25(a)所示。

解：(1)将图 1—25(a)中两并联电压源支路变换成电流源，如图 1—25(b)所示。

$$I_{S1}=\frac{E}{R_1}=\frac{12}{1}=12\text{ A}(I_{S1}\text{与 }R_1\text{ 并联，方向如图所示})$$

$$I_{S2}=\frac{E}{R_2}=\frac{6}{1}=6\text{ A}(I_{S2}\text{与 }R_2\text{ 并联，方向如图所示})$$

(2)合并并联电流源 I_{S1} 和 I_{S2}，同时 R_1 与 R_2 并联为等效电阻 R_0，如图 1—25(c)所示。

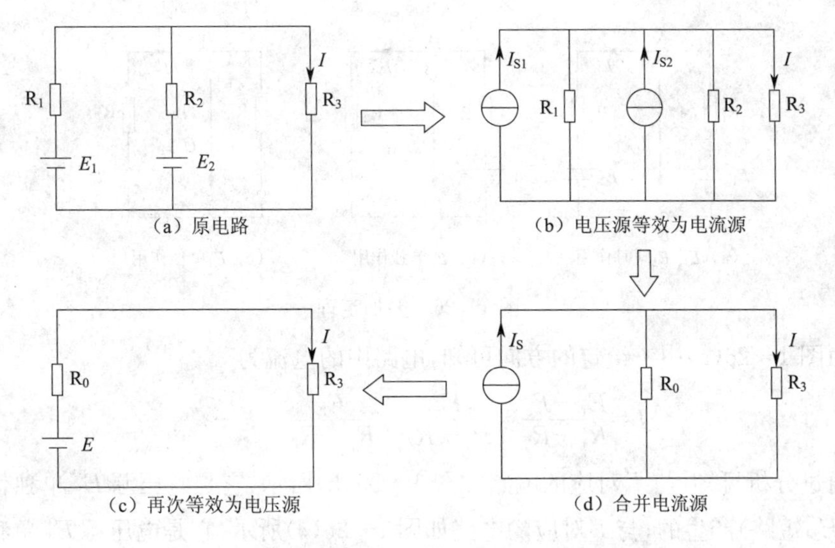

图 1－25　例 11 题图

$$I_S = I_{S1} + I_{S2} = 12 + 6 = 18(\mathrm{A})$$

$$R_0 = R_1 /\!/ R_2 = \frac{1 \times 1}{1 + 1} = 0.5(\Omega)$$

(3)合并后的电流源 I_S 与电阻 R_0 并联，可进一步变换成电压源与电阻的串联，如图 1－25(d)所示。

因此

$$E = I_S R_0 = 18 \times 0.5 = 9(\mathrm{V})$$

R_0 保持不变，仍为 0.5 Ω。

(4)求得 R_3 中的电流为

$$I = \frac{E}{R_0 + R_3} = \frac{9}{0.5 + 4} = 2(\mathrm{A})$$

这与支路电流法求解的结果一致。

第七节　叠 加 定 理

叠加定理是线性电路的一个基本定理。叠加定理的内容为：在具有几个电源作用的线性电路中，任一支路的电流或电压都等于各个电源单独作用时，在这条支路产生的电流或电压的代数和。所谓某个电源单独作用，是指将电路中其他的电压源短路，电流源开路，而他们的内电阻保留在原来的位置。

下面以图 1－26 电路为例来证明其正确性。

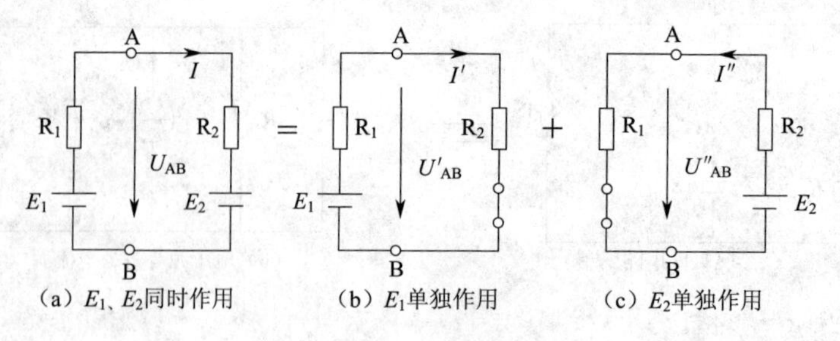

图 1—26　叠加定理

由图 1—26(a)中 I 给定的方向可知，电路中的电流为

$$I=\frac{E_1-E_2}{R_1+R_2}=\frac{E_1}{R_1+R_2}-\frac{E_2}{R_1+R_2}=I'-I''$$

通过分析可知，与 I' 对应的电路如图 1—26(b)所示，它是电压源 E_1 单独作用于电路(E_2 短路)产生的；与 I'' 对应的电路如图 1—26(c)所示，它是电压源 E_2 单独作用于电路(E_1 短路)产生的。因为 I' 的方向与 I 的方向相同，I' 取正，I'' 的方向与 I 的方向相反，I'' 取负。由电流 I 的表达式可知，I 由 I' 和 I'' 叠加而成，即电流 I 是电压源 E_1 和 E_2 单独作用时产生的电流 I' 和 I'' 的代数和。

电路中任意两点之间的电压也等于每个电源单独作用时，在这两点间产生的电压代数和。图 1—26(a)中 AB 两点间的电压为

$$U_{AB}=IR_2+E_2$$

由图 1—26(b)和图 1—26(c)可知

$$U'_{AB}=I'R_2$$

$$U''_{AB}=-I''R_2+E_2$$

$$U'_{AB}+U''_{AB}=I'R_2-I''R_2+E_2=(I'-I'')R_2+E_2=IR_2+E_2=U_{AB}$$

上式中，U'_{AB} 和 U''_{AB} 都取正号，因为它们的方向均与图 1—26(a)中 U_{AB} 的方向相同。

例 1—12　如图 1—27(a)所示，已知 $U_s=12\ \text{V}$，$I_S=6\ \text{A}$，$R_1=8\ \Omega$，$R_2=4\ \Omega$。试用叠加定理计算电流 I_1 和 I_2。

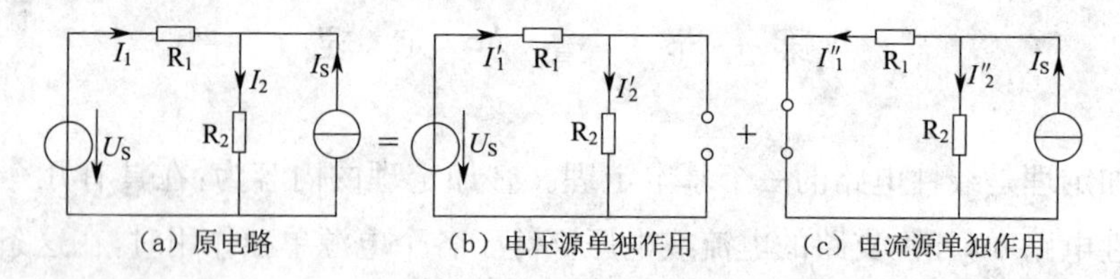

图 1—27　例 1—12 题图

解：根据叠加定理，将图 1—27(a)电路分解成电压源 U_S 和电流源 I_S 分别单独作用的两个电路，如图 1—27(b)和图 1—27(c)所示。

(1)U_S 单独作用的电路时，根据图 1－27(b)所示各电流参考方向有

$$I'_1=\frac{U_S}{R_1+R_2}=\frac{12}{8+4}=1(\text{A})$$

$$I'_2=I'_1=1(\text{A})$$

(2)I_S 单独作用时，根据图 1－27(c)所示各电流参考方向有

$$I''_1=\frac{R_2}{R_1+R_2}I_S=\frac{4}{8+4}\times 6=2(\text{A})$$

$$I''_2=I_S-I''_1=6-2=4(\text{A})$$

(3)应用叠加定理，得原电路中各支路电流为

$$I_1=I'_1-I''_1=1-2=-1(\text{A})$$

$$I_2=I'_2+I''_2=1+4=5(\text{A})$$

将电流 I_1 和 I_2 代入原电路，在 R_1、R_2 和 U_S 组成的回路中，有 $I_1R_1+I_2R_2=(-1)\times 8+5\times 4=12(\text{V})=U_S$，满足基尔霍夫电压定律，因此，计算结果正确。

由此可见，应用叠加定理可以将一个含有多个电源的复杂电路简化成若干个单电源电路进行计算。在使用叠加定理时，需要注意以下几点：

(1)叠加定理只适用于线性电路中电流和电压的计算，对非线性电路不适用。

(2)叠加时要注意电流和电压的参考方向，与原电路中的参考方向相同时，取正号；相反时，取负号。

(3)分解原电路时，电路的连接及所有电阻不变。所谓电压源不作用，就是在该电压源处用短路线替代；电流源不作用，就是在该电流源处断开。

(4)不能用叠加定理计算功率和电能。

叠加定理在计算多个电源作用的电路时，并不简单，但在分析电路时是很有意义的。例如：电子电路中就常用叠加定理进行电路工作状态的分析。

第八节　戴维南定理

在电路分析及计算中，有时只要求计算电路中某一支路的电流或电压，如果使用支路电流法或其他方法求解就比较麻烦。所以，为了简化计算过程，常用戴维南定理来解决这类问题。

例如，图 1－28(a)所示电路中，求电阻 R_3 中的电流 I_3。我们先将被求支路 R_3 画出，其余电路如图 1－28(a)中点画线框所示。框中的电路具有两个与外电路相连的端钮，并且内部含有电源，所以称之为有源二端网络，如图 1－28(b)所示。

有源二端网络给被求支路提供电能，相当于一个电源，因此可以化简成电动势 E_0

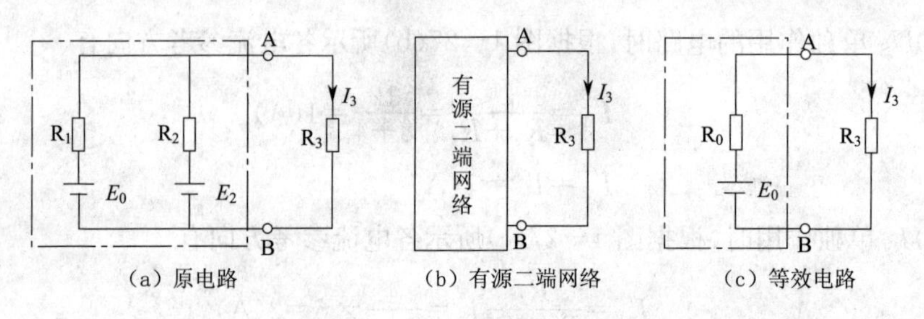

（a）原电路　（b）有源二端网络　（c）等效电路

图 1－28　戴维南定理

和内阻 R_0 相串联的电压源。这样，复杂电路就成为等效电源与被求支路相串联的简单电路，如图 1－28(c)所示。因此，可求得电阻 R_3 中的电流为

$$I_3=\frac{E_0}{R_0+R_3}$$

戴维南定理指出：任何一个线性有源二端网络，对其外电路来说，都可以用一个具有电动势 E_0 和内电阻 R_0 的电压源串联组合来替代。其中，E_0 为有源二端网络的开路输出电压，R_0 为该网络中所有恒压源短路、恒流源开路时从两个端钮看进去的等效电阻，又称二端网络的输入电阻。

例 1－13　如图 1－29(a)所示，已知 $E=6\ \text{V}$，$R_1=R_2=R_3=400\ \Omega$，检流计电阻 $R_g=$

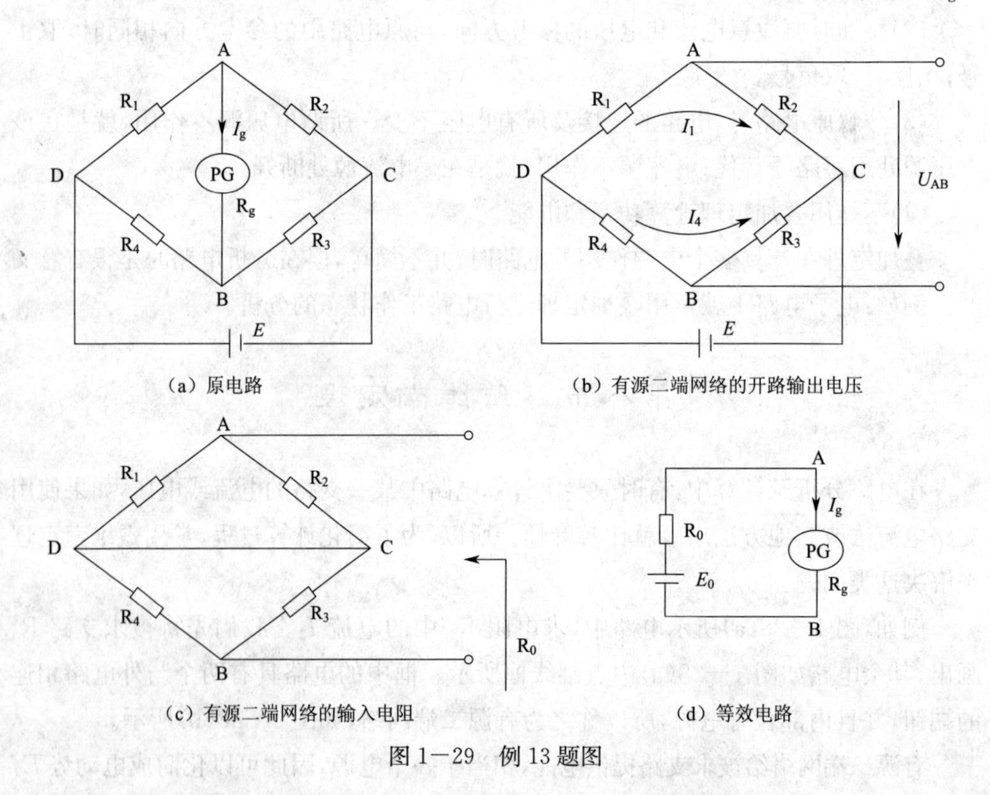

（a）原电路　（b）有源二端网络的开路输出电压

（c）有源二端网络的输入电阻　（d）等效电路

图 1－29　例 13 题图

600 Ω。R_4 为热敏电阻，其电阻值随温度而变。设温度为 0 ℃时，$R_4=400\ \Omega$，温度为 100 ℃时，$R_4=425\ \Omega$，求温度为 0 ℃和 100 ℃时，检流计中的电流 I_g 和两端电压 U_g。

解：图 1－29(a)中，R_1、R_2、R_3、R_4 是电桥的 4 个桥臂，顶点 C、D 接电源，另一对顶点 A、B 接检流计。由电桥平衡条件可知，当相对桥臂电阻乘积相等($R_1R_3=R_2R_4$)时，电桥处于平衡状态，接检流计的顶点 A、B 电位相等，检流计电流为零。一旦电桥失去平衡，顶点 A、B 电位不再相等，检流计中就会有电流流过。

显然，电桥电路的 4 个桥臂电阻不是一般的串、并联关系，属于复杂电路。由于只需求解检流计支路的电流和电压，所以用戴维南定理进行分析和计算。

(1)当温度为 0 ℃时，由于 $R_4=400\ \Omega$，所以有 $R_1=R_2=R_3=R_4$，电桥满足平衡条件，处于平衡状态，检流计电流 $I_g=0$，电压 $U_g=0$。

(2)当温度为 100 ℃时，$R_4=425\ \Omega$，所以 $R_1R_3\neq R_2R_4$，电桥失去平衡，检流计支路有电流，用戴维南定理分析如下：

①将被求检流计支路划出，得有源二端网络，如图 1－29(b)所示。

②求有源二端网络的开路输出电压 U_{AB}。

图 1－29(b)中，电流 I_1 和 I_4 分别为

$$I_1=\frac{E}{R_1+R_2}=\frac{6}{400+400}=0.007\ 5(\text{A})$$

$$I_4=\frac{E}{R_4+R_3}=\frac{6}{425+400}\approx 0.007\ 3(\text{A})$$

所以

$$E_0=U_{AB}=I_1R_2-I_4R_3=0.007\ 5\times 400-0.007\ 3\times 400=0.08(\text{V})$$

(3)求有源二端网络的输入电阻 R_0，如图 1－29(c)所示。

$$R_0=R_1/\!/R_2+R_3/\!/R_4=\frac{400\times 400}{400+400}+\frac{400\times 425}{400+425}=406.1(\Omega)$$

(4)画出有源二端网络的等效电路，接上检流计，如图 1－28(d)所示，求 I_g 和 U_g。

$$I_g=\frac{E_0}{R_0+R_g}=\frac{6}{406.1+600}=0.08(\text{mA})$$

$$U_g=I_gR_g=0.08\times 10^{-3}\times 600=48(\text{mV})$$

由计算可知，检流计支路的电流和电压随温度升高而增大，因此，可以用电桥电路来测量温度。通常，检流计支路的电压较小，需经过放大电路放大后，才能控制执行机构工作，事实上，电桥电路在测量技术中，具有非常广泛的应用。

第九节　电　容　器

一、电容器和电容

电容器是用来储存电荷的装置，通常由两个中间隔以绝缘材料的金属导体组成。金属导体称为极板，中间的绝缘材料称为介质，两个电极从极板引出。电容器在电路中的符号如图 1－30(a)所示。

如果在一个未充过电的电容器的两个电极上加上电压，电源将对电容器充电，使两极板带上电量相等而极性相反的电荷，如图 1－30(b)所示。实验证明，极板上所带的电荷量 Q 与电容器两端的电压 U 成正比，即

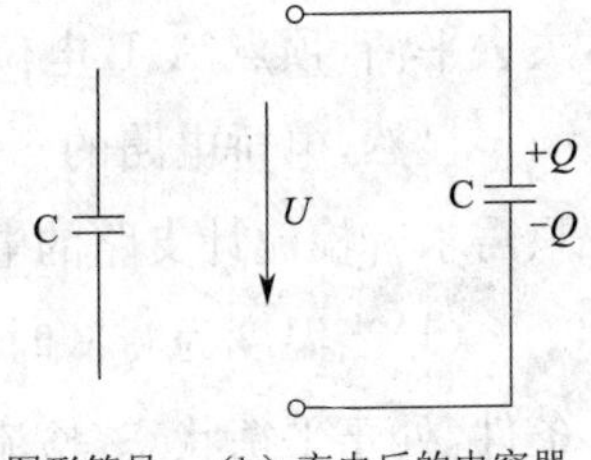

(a) 图形符号　(b) 充电后的电容器

图 1－30　电容器及储存电荷

$$Q=CU$$

上式还可以写成

$$C=\frac{Q}{U} \tag{1-24}$$

式中　C——比例常数，也称为电容量，简称电容(F)；

Q——极板上所带电荷(C)；

U——两极间电压(V)。

电容代表电容器储存电荷的能力大小，是电容器固有的参数，它与电容器极板面积成正比，与极板间距离成反比，还与极板间的介质有关。电容与极板上所带的电荷量 Q 以及电容器两端的电压 U 无关。

在国际单位制中，电容的单位是法拉，简称法，用符号 F 表示。由于法拉的单位太大，实际应用中常用微法(μF)和皮法(pF)为电容的单位。它们之间的关系为

$$1\ \mu\text{F}=10^{-6}\ \text{F}$$

$$1\ \text{pF}=10^{-12}\ \text{F}$$

我们常将电容器简称为电容，因此电容既代表电容量，也代表电容器。

二、电容器的串联和并联

为了满足所需的电容量和工作电压，在电路中常将电容器组合起来使用。

1. 电容器的串联

电容器的串联及其等效电路如图1－31所示。

电容器串联电路的特点：

(1)每个电容器上的电荷量相等，即：

$$Q=Q_1=Q_2=\cdots=Q_n \quad (1-25)$$

(2)总电压等于各电容器电压之和，即

$$U=U_1+U_2+\cdots+U_n \quad (1-26)$$

(3)等效电容的倒数等于各电容倒数之和，即

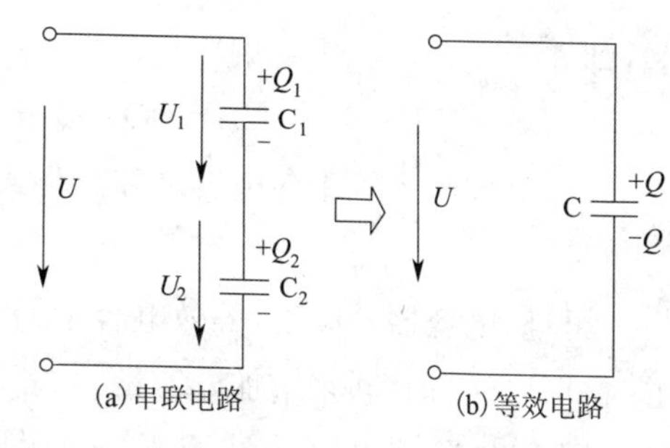

图 1－31　电容器的串联

$$\frac{1}{C}=\frac{1}{C_1}+\frac{1}{C_2}+\cdots\frac{1}{C_n} \quad (1-27)$$

当两个电容器串联时，有

$$C=\frac{C_1C_2}{C_1+C_2} \quad (1-28)$$

(4)每个电容器分得的电压与其电容量成反比。由每个电容器上的电压 $U=\frac{Q}{C}$ 可以推出

$$U_1:U_2:\cdots:U_n=\frac{1}{C_1}:\frac{1}{C_2}:\cdots\frac{1}{C_n} \quad (1-29)$$

对于两个电容器串联，则 C_1、C_2 分得的电压分别为

$$U_1=\frac{C_2}{C_1+C_2}U$$
$$U_2=\frac{C_1}{C_1+C_2}U \quad (1-30)$$

式(1－30)为两电容器串联时的分压公式。由式可见，由于串联电容器上的电荷量相等，因此小电容上所承受的电压高，而大电容上所承受的电压反而低，这一点在使用时应予以注意。

2. 电容器的并联

电容器的并联及其等效电路如图 1－32 所示。

电容器并联电路的特点是：

(1)每个电容器两端的电压相等，即

$$U=U_1=U_2=\cdots=U_n$$

显然，为了使各个电容器都能够安全工作，工作电压 U 不得超过它们中的最低耐压值。

(2)总电荷等于各电容器上电荷量之

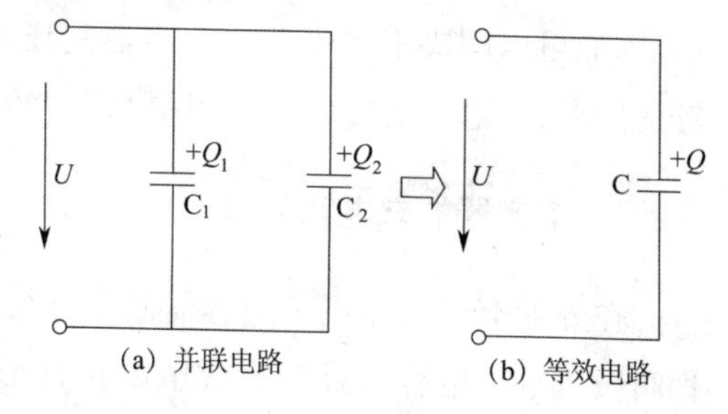

图 1－32　电容器的并联

和，即

$$Q=Q_1+Q_2+\cdots+Q_n \quad (1-31)$$

(3)等效电容等于各电容之和。将式(1－30)两边同除以U，有

$$C=C_1+C_2+\cdots+C_n \quad (1-32)$$

可见，电容器并联后，等效电容量增大。因此，当电路中单个电容器的电容量不够时，可以通过并联来增加电容量。

例 1－14 某电子电路需要一只耐压 500 V，电容量为 4 μF 的电容器。现有 4 只 4 μF 的电容器，但耐压都只有 250 V，问用什么连接方法才能满足要求？

解：设电容 $C_1=C_2=C_3=C_4=4\ \mu F$，其耐压分别为

$$U_1=U_2=U_3=U_4=250\ V$$

(1)将电容器 C_1 和 C_2、C_3 和 C_4 分别串联　电容器串联时，总电压等于各电容器电压之和，因此总的耐压为

$$U=U_1+U_2=U_3+U_4=250+250=500(V)$$

满足耐压 500 V 的要求。

C_1 和 C_2、C_3 和 C_4 的串联等效电容为

$$C_{12}=\frac{C_1C_2}{C_1+C_2}=\frac{4\times4}{4+4}=2(\mu F)$$

$$C_{34}=\frac{C_3C_4}{C_3+C_4}=\frac{4\times4}{4+4}=2(\mu F)$$

不能满足容量为 4 μF 的要求。

(2)将电容器 C_{12} 和 C_{34} 并联　电容器并联时，总电容等于各电容之和，因此有

$$C=C_{12}+C_{34}=2+2=4(\mu F)$$

满足容量为 4 μF 的要求。

根据以上分析，可得 4 只电容器的连接电路如图 1－33 所示。

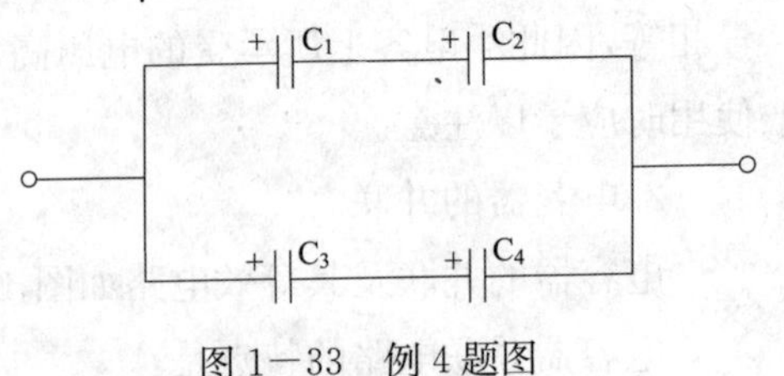

图 1－33　例 4 题图

由此可见，电容器串联可以提高耐压值，因而可以解决工作中单个电容器耐压不够的问题；而电容器并联则可以提高电容值，以获得电路中所需的电容量。

三、电容器的充电和放电

在外加电压的作用下电容器储存电荷的过程叫做充电，通过负载释放电荷的过程叫做放电。电容器具有充放电的特性形成了电容器应用于电路的基本原理。因此，弄清充放电的过程及其规律，对分析和掌握含电容电路的原理具有重要意义。

1. 电容器的充电过程

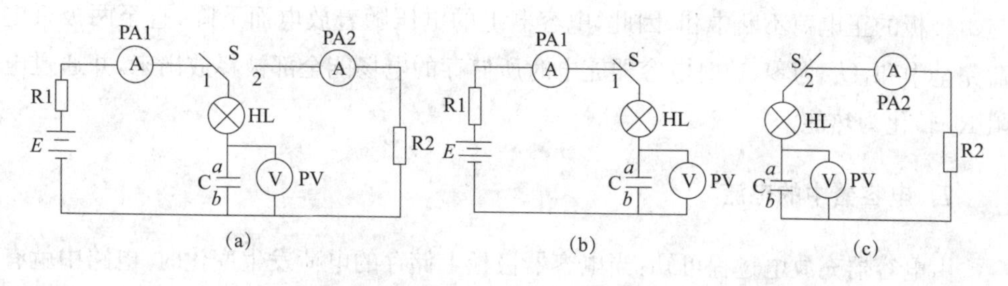

图 1—34　电容器充放电的实验

图 1—34(a)为电容器充放电实验电路。图中 E 为直流电源，PA1，PA2 为直流电流表，PV 是直流电压表，S 为单刀双掷开关，HL 为灯泡。设实验前电容器上没有电荷。将开关 S 置于“1”，构成充电电路，如图 1—34(b)所示，此时电源向电容器充电。开始时电灯 HL 较亮，然后逐渐变暗，说明电路中充电电流在变化。从电流表 PA1 上可观察到充电电流在减小，从电压表 PV 上的读数可知电容器两端电压 U_C 在上升。经过一段时间后，电灯熄灭了，电流表 PA1 的读数减小至零，电压表的示值上升至电源电压，即：$U_C=E$。

为什么电容器在充电过程中，电流会由大变小，最后变为零，而电容器两端电压却由小变大，最后等于电源电压呢？

如图将电容器两极板分别标上 a、b。在开关 S 置“1”瞬时：由于 a 极板电位为零，因而它与电源正极之间存在着较大的电位差，在电场力的作用下，电子定向运动，从而使 a 极板上带正电荷；同样的道理，在 b 极板与电源的负极之间存在着较大的电位差，在电场力的作用下，电子定向运动，使 b 极板带上负电荷。即在此瞬间电路中形成较大的电流，电灯较亮。随着时间的增加，a、b 极板上电荷也不断增加，电容的端电压按 $U_C=\frac{Q}{C}$ 的规律不断上升，使极板与电源之间的电位差逐渐减小，电场力逐渐减弱，因此，电路中电流逐渐减小。当电容器极板电荷积累到使 $U_C=E$ 时，极板与电源之间的电位差为零，电场力为零，电子停止定向运动，电路中电流为零，电灯熄灭，充电过程完毕。

2. 电容器的放电过程

电容器充电结束后，电容器上建立了电压 U_C，且等于 E。如果将开关 S 由“1”置于“2”，便构成了电容器的放电回路，如图 1—34(c)所示。此时电容器可看成一个等效电源，并通过 R_2 进行放电。在开关 S 置于“2”后，可以观察到电流表 PA2 指针有偏转，说明电路中有电流流过，而且由大到小，所以灯泡是由亮变暗，最后熄灭。由电压表可观察到，电容器上的电压是由大到小逐渐下降，经过一段时间后下降为零，表示放电完毕。放电时，在电容器两极板间电场力作用下，b 极板的负电荷不断移出并与 a 极板的正电荷不断中和，因此，电容器上的电压随着放电而下降，直至两极板电荷完全中和，U_C 为零，这时电容器充电时所储存的电场能全部被释放出来，并通过电阻 R_2 转化为热能。

四、电容器中的电流

由电容器充放电过程可知：当电容器极板上储存的电荷发生变化时，电路中就有电流流过；若电容器极板上所储存的电荷恒定不变，则电路中就没有电流流过。设在 Δt 时间段内，电容器极板上的电荷增加了 ΔQ，则电路中的电流为：

$$i=\frac{\Delta Q}{\Delta t}$$

由 $Q=CU$ 可得

$$i=C\frac{\Delta U}{\Delta t} \tag{1-33}$$

式(1－33)说明，通过电容器的电流正比于电容器电压随时间的变化率。

本章小结

1. 电流的方向与正电荷运动的方向一致。大小和方向均不随时间变化的电流称为直流电流。对于直流电流有：$I=\frac{Q}{t}$。

2. 电场力将单位正电荷从电场中的某点移到参考点所做的功，称为该点的电位。电场中两点间的电位差称为电压。电压的方向为由高电位指向低电位。电位具有相对性，电压具有绝对性。

3. 外力把单位正电荷从电源的负极移到正极所做的功称为电源的电动势。电动势的方向由低电位指向高电位。

4. 电阻值与材料有关，即 $R=\rho\frac{l}{S}$，电阻值还与温度有关，电阻值随温度变化的程度用电阻温度系数表示。

5. 欧姆定律是电路的基本定律之一。部分电路的欧姆定律用公式表示为：$I=\frac{U}{R}$，全电路欧姆定律用公式表示为：$I=\frac{E}{R+R_0}$。在全电路中，电源端电压随负载电流变化的规律叫做电源的外特性。

6. 负载电阻所消耗的功率为：$P=UI=I^2Rt=\frac{U^2}{R}$。

7. 电流通过导体使导体发热，产生的热量由焦耳—楞次定律确定，公式表达为：$Q=I^2Rt$。

8. 串联和并联是电阻的两种基本连接方式。电阻的串联电流相等，电阻的并联电压相等。

9. 电阻混联电路的分析计算方法是电阻串、并联电路的特点与分析方法的综合运用，分析计算的关键是求出等效电阻。

10. 基尔霍夫定律是电路的基本定律，它阐明了电路中各节点电流和各回路电压之间的相互关系，是分析计算复杂电路的基础。其内容包括：基尔霍夫第一定律，也称为节点电流定律，可以推广应用于任一闭合面，数学表达式为$\sum I=0$；基尔霍夫第二定律，也称为回路电压定律，数学表达式为$\sum U=0$。

11. 叠加定理和戴维南定理是线性电路的两个重要定理。

叠加定理指出：在具有几个电源作用的线性电路中，任一支路的电流或电压都等于各个电源单独作用时，在这条支路产生的电流或电压的代数和。所谓某个电源单独作用，是指将电路中其他的电压源短路，电流源开路，而他们的内电阻保留在原来的位置。

戴维南定理指出：任何一个线性有源二端网络，对其外电路来说，都可以用一个具有电动势 E_0 和内电阻 R_0 的电压源串联组合来替代。其中，E_0 为有源二端网络的开路输出电压，R_0 为该网络中所有恒压源短路、恒流源开路时从两个端钮看进去的等效电阻，又称二端网络的输入电阻。

12. 理论上，凡是用介质隔开的两个导体的组合就构成了一个电容器。电容器的主要性能指标有：标称容量、允许误差、额定电压。

13. 电容器极板间的电压变化时，电容器组成的电路中就有电流流过，电流 $i=C\frac{\Delta U}{\Delta t}$。

14. 电容器串联时，各电容器上的电荷量均相等，各电容器上的电压分配与其电容值成反比，等效电容的倒数等于各串联电容倒数之和。

15. 电容器并联时，各电容器上的电压相等，所储存的电荷量与其电容值成正比，等效电容等于各并联电容之和。

习　题

1. 电流、电动势和电压的方向是怎样规定的？

2. 测量电流和电压分别用什么仪表？对内阻有什么要求？应怎样连接？

3. 测量电源电动势和内阻的电路如题图 1—1 所示，当开关 S 断开时，电压表的读数为 12 V，开关 S 合上时，电压表的读数为 118 V，求电源的电动势和内阻。

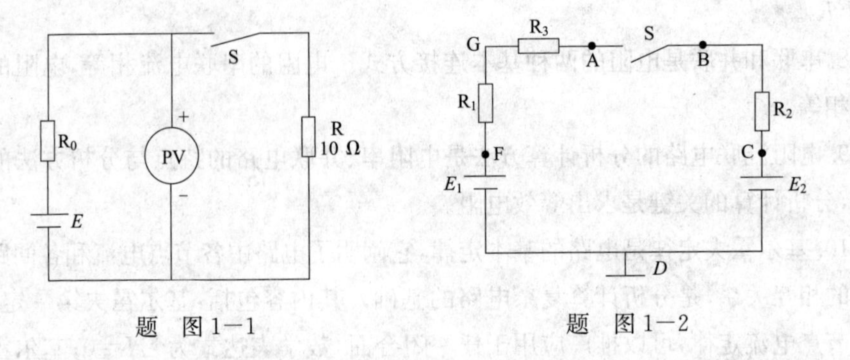

题 图1—1　　　　题 图1—2

4. 如题图 1—2 所示为电源 E_1 向电池 E_2 充电的电路。已知 $E_1=15$ V，$E_2=12$ V，$R_1=2\ \Omega$，$R_2=1\ \Omega$，$R_3=3\ \Omega$。试问：(1)开关 S 断开时，AB 间、BC 间、CD 间有无电压，其值如何？(2)开关 S 合上后，求电路中的电流 I（在图中标出方向）、电位 V_G 和电压 U_{CF}。

5. 如题图 1—3 所示，电源电动势为 E，内阻 R_0 为 0.4 Ω，负载电阻是 14 盏白炽灯和一只电阻炉。设负载电压为 220 V，电阻炉的取用功率是 600 W，每盏白炽灯的电阻为 400 Ω，每根连接导线电阻 R_1 为 0.3 Ω。求电源两端的电压 U 和电源电动势 E。

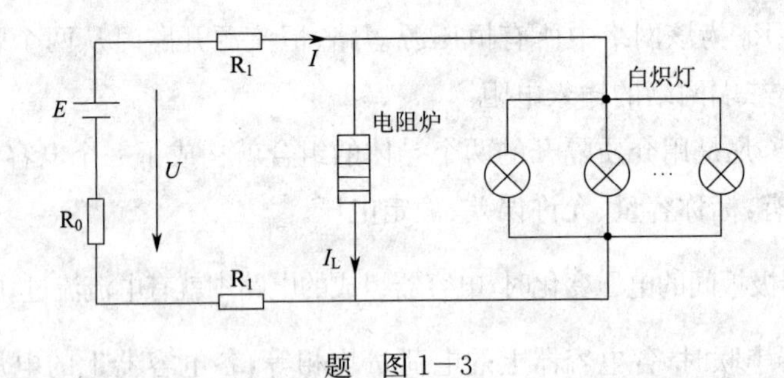

题 图1—3

6. 题图 1—3 中，如果有一盏白炽灯发生短路，试求：(1)电源中通过的电流 I；(2)电阻炉中通过的电流 I_L；(3)电源的端电压，此时白炽灯是否亮？

7. 今有 220 V、40 W 的白炽灯 5 盏，220 V、800 W 的电热器一个，并接在 220 V 的电源上，求电源供出的总电流。如它们每天工作 3 h，30 天消耗的电能是多少？

8. 一复杂电路的部分电路如题图 1—4 所示，已知 $U_1=12$ V，$U_2=6$ V，$R_1=10\ \Omega$，$R_2=5\ \Omega$，$I=2$ A，试求 I_1、I_2、U_{AB}和 U_{CD}？

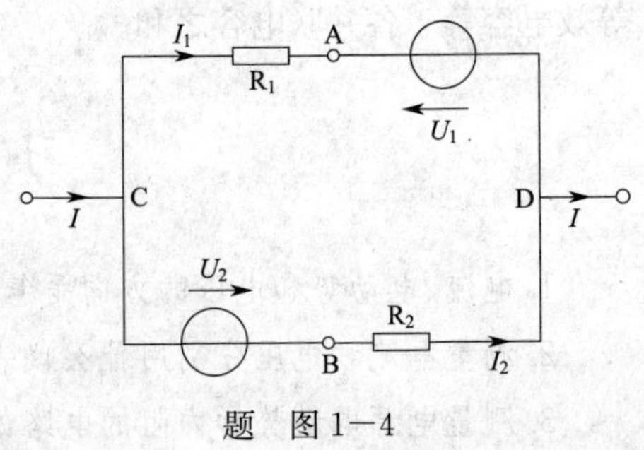

题 图1—4

9. 如题图 1－5 所示，已知 $U_1=13\ \text{V}$、$U_2=6\ \text{V}$、$R_1=10\ \Omega$、$R_2=5\ \Omega$、$R_3=5\ \Omega$ 试用支路电流法求各支路电流。

10. 试将题图 1－6(a)变换成等效的电流源，将题图 1－6(b)变换成等效的电压源。

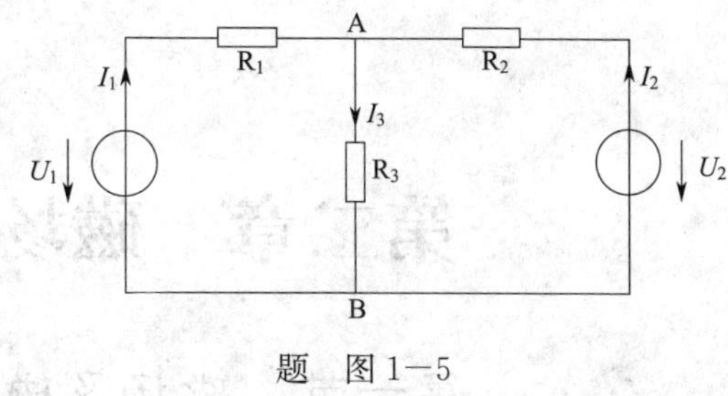

题　图 1－5

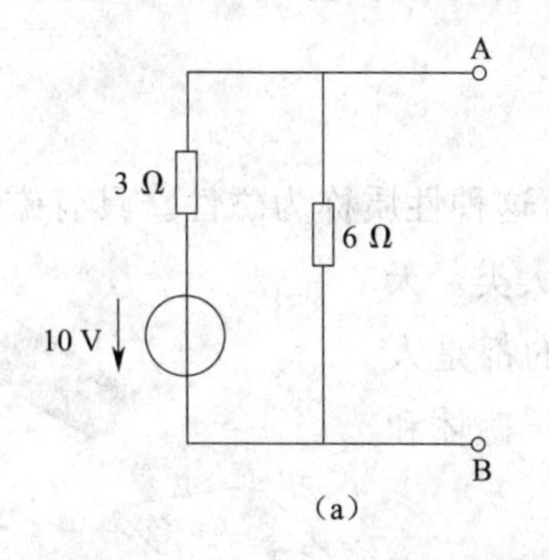

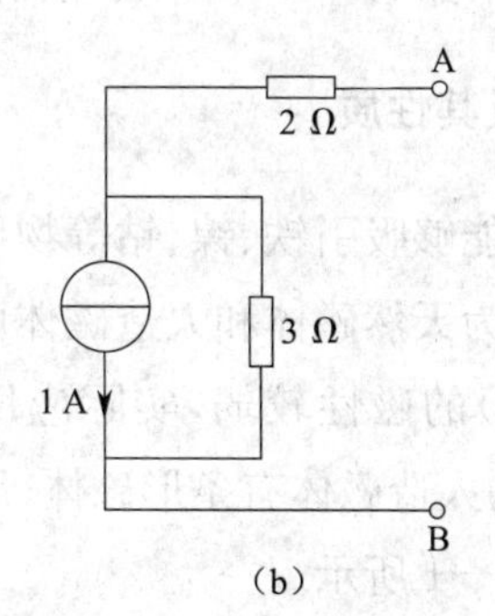

(a)　　(b)

题　图 1－6

11. 应用叠加定理，求如题图 1－7 所示电路中的电压 U_{AB}。

12. 电桥电路如题图 1－8 所示，已知 $R_1=300\ \Omega$，$R_2=600\ \Omega$、$R_3=200\ \Omega$、$R_5=100\ \Omega$。若 AB 间电压为零，求电阻 R_4。

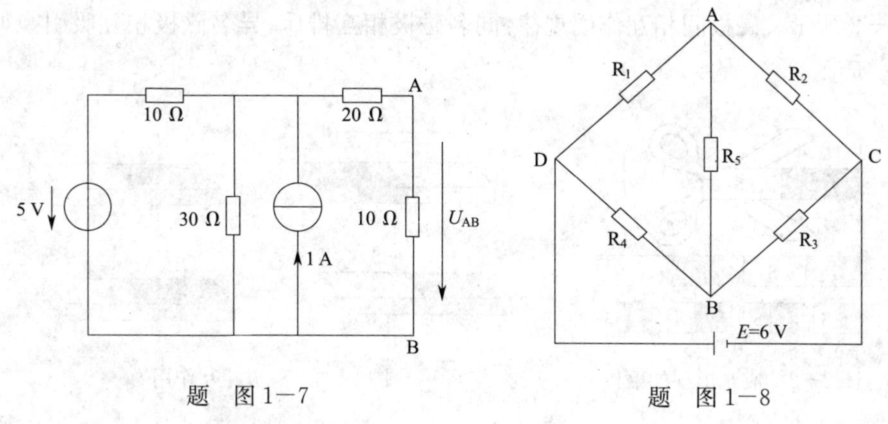

题　图 1－7　　　题　图 1－8

13. 如题图 1－8 所示，$R_1=R_2=R_3=400\ \Omega$，若 $R_4=200\ \Omega$，$R_5=600\ \Omega$，用戴维南定理求 R_5 中的电流。

第二章　磁场与电磁感应

第一节　磁场及磁场的基本物理量

一、磁体及其性质

某些物体能够吸引铁、镍、钴等物质，这种性质称为磁性。具有磁性的物体称为磁体。磁体分为天然磁体和人造磁体两大类。天然磁体（Fe_2O_3）的磁性较弱，实际应用的都是人造磁体，常见的人造磁体有条形磁体、蹄形磁体和磁针等，如图2—1所示。

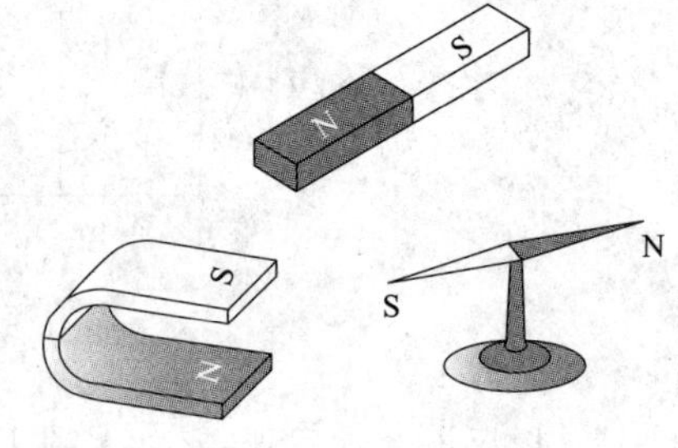

图2—1　人造磁体

磁体两端磁性最强的部分称为磁极。可以在水平面内自由转动的磁针，静止后总是一个磁极指南，一个磁极指北。指北的磁极称北极N(常涂蓝色或白色)，指南的磁极称南极S(常涂红色)。任何磁体都具有两个磁极，而且无论把磁体怎样分割总保持有两个异性磁极，也就是说，N极和S极总是成对出现，如图2—2所示。磁极间相互作用规律：同名磁极相互排斥，异名磁极相互吸引。如图2—3所示。

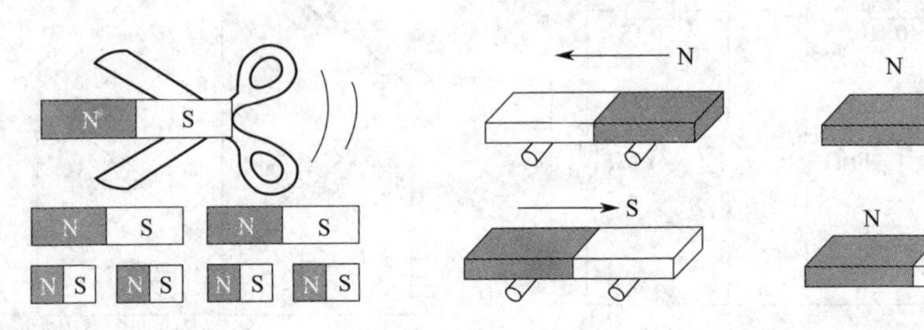

图2—2　成对出现的磁极　　　　图2—3　磁极相互作用

二、磁场与磁感线

1.磁场

磁极间的相互作用力称为磁力。两个磁极互不接触，却存在相互作用的力，这时因为在磁体周围的空间中存在着一种特殊的物质——磁场，极之间的作用力就是通过磁场进行传递的。如图 2—4 用铁屑可以模拟磁场的分布就可以说明磁场的存在。在 N 极和 S 极附近铁屑密集说明磁极附近磁场最强。

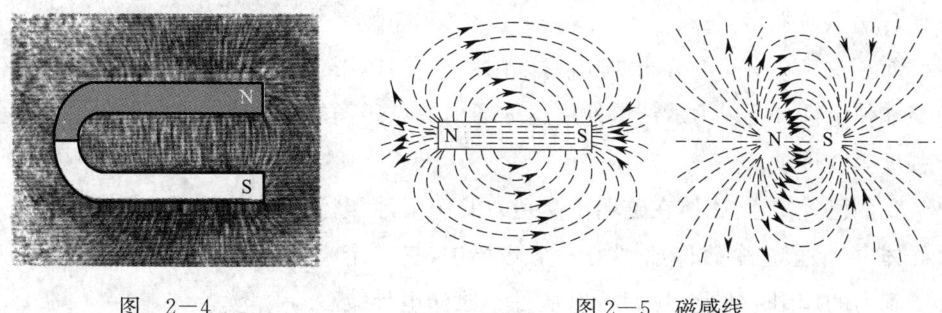

图　2—4　　　　　　　　　　　　图 2—5　磁感线

2. 磁感线

所谓磁感线，就是一条条从磁体北极沿磁体周围空间到磁体南极，然后再通过磁体内部回到北极的闭合曲线。在这些曲线上，每一点的切线方向就是该点的磁场方向，也就是放在该点的磁针 N 极所指的方向，如图 2—6 所示。

磁感线的方向定义为：在磁体外部由 N 极指向 S 极，在磁体内部由 S 极指向 N 极。磁感线是闭合曲线。

用磁感应线描述磁场时，要注意以下四点：

1. 磁感应线是为形象描述磁场的强弱和方向而引入的互不交叉的闭合假想曲线。如图 2—5 所示。磁感应线不能中断，也不能相交。磁感应线越密磁场越强，磁感应线越疏磁场越弱。

2. 磁场中任意一点的磁场方向只有一个。在磁体外部由 N 极指向 S 极，在磁体内部由 S 极指向 N 极。

3. 磁感应线上任意一点的切线方向，就是该点的磁场方向(即小磁针 N 极的指向)。

4. 在磁场的某一区域里，如果磁感线是一些方向相同分布均匀的平行直线，这一区域称为均匀磁场。距离很近的两个异名磁极之间的磁场(图 2—7)，除边缘部分外，就可以认为是均匀磁场。

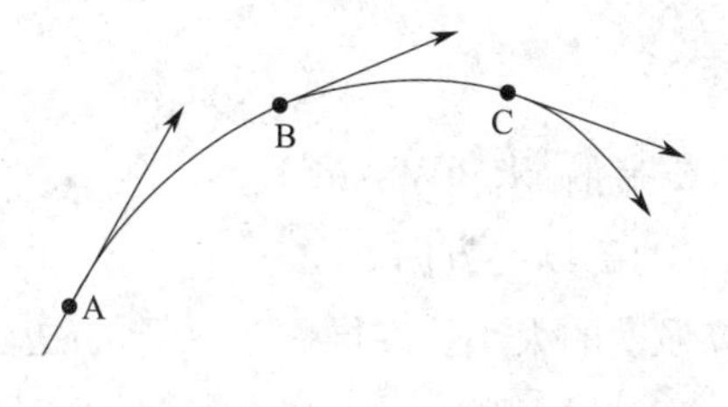

图 2—6　磁感线方向与磁场方向

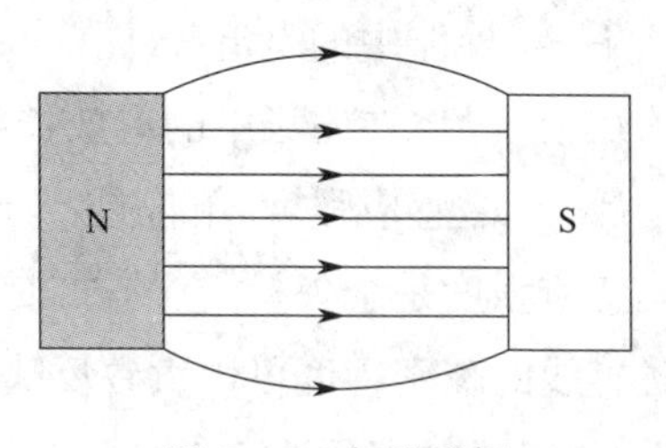

图 2—7　匀强磁场

三、磁场的基本物理量

1. 磁感应强度

对于磁场在空间的分布情况，可以用磁感线的多少和疏密程度来形象地描述，但这只能作定性分析。为了定量地描述磁场中各点磁场的强弱和方向，需要引入磁感应强度等物理量。

我们已经知道，磁体在磁场中受到力的作用，而电流能产生磁场，它就相当于一个磁体，如果把这个磁体放到另一个磁场中，它一定会受到力的作用。因此，我们可以从一小段通电导线在磁场中受力的大小来检验磁场的强弱。如图 2－8 所示，在蹄形磁体两极所形成的均匀磁场中，悬挂一段直导线，让导线方向与磁场方向保持垂直，导线通电后，可以看到导线因受力而发生运动。

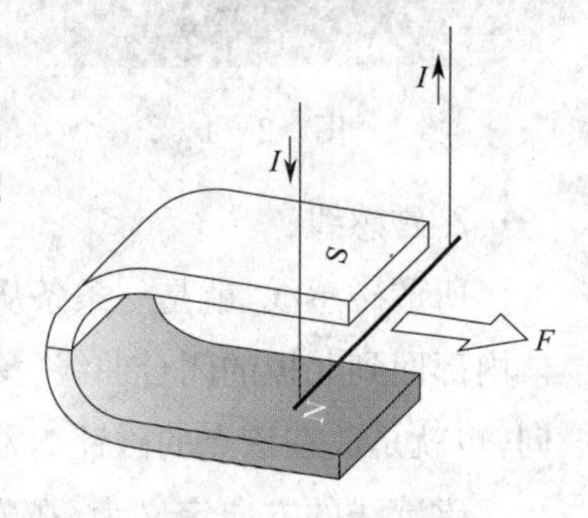

图　2－8

先保持导线通电部分的长度不变，改变电流的大小，然后保持电流不变，改变导线通电部分的长度。比较两次实验结果发现，通电导线长度一定时，电流越大，导线所受电磁力越大；电流一定时，通电导线越长，电磁力越大。

精确的实验还表明，电流在磁场中所受电磁力的大小，既与导线长度 L 成正比，又与电流 I 成正比，即与 I 和 L 的乘积 IL 成正比。在磁场中同一个地方，无论电流 I 和导线长度怎样改变，比值 F/IL 是恒定不变的。这个比值是由磁场本身决定的，可以用来表示磁场的强弱。

在磁场中，垂直于磁场方向的通电导线，所受电磁力 F 与电流 I 和导线长度 L 的乘积 IL 的比值称为该处的磁感应强度，用 B 表示，即

$$B=\frac{F}{IL}$$

式中　F——通电导体受到的作用力，单位为牛顿，简称为牛(N)；

I——导体中的电流(A)；

L——导体在磁场中的有效长度(m)；

B——磁感应强度，单位是特斯拉(T)或韦伯/米^2(Wb/m^2)。

磁感应强度是个矢量，它的方向就是该点的磁场的方向。

磁感线的疏密程度可以大致反映磁感应强度的大小。在同一个磁场的磁感线分布图上，磁感线越密的地方，磁感应强度越大，磁场越强。

2. 磁通

为了定量地描述磁场在某一范围内的分布及变化情况，引入一个新的物理量——磁通。

设在磁感应强度为 B 的均匀磁场中，有一个与磁场方向垂直的平面，面积为 S，我们把 B 与 S 的乘积，定义为穿过这个面积的磁通量，简称磁通。用 Φ 表示磁通，则有

$$\Phi = BS$$

式中 B——磁感应强度(T)；

S——面积(m^2)；

Φ——磁通的单位就是韦伯(Wb)，简称韦。

如果磁场不与所讨论的平面垂直(图 2－9)，则应以这个平面在垂直于磁场 B 的方向的投影面积 S 与 B 的乘积来表示磁通。

当面积一定时，通过该面积的磁感线越多，则磁通越大，磁场越强。

从 $\Phi = BS$，可得 $B = \frac{\Phi}{S}$ 这表示磁感应强度等于穿过单位面积的磁通，所以磁感应度又称磁通密度，并且用 Wb/m^2 作单位。

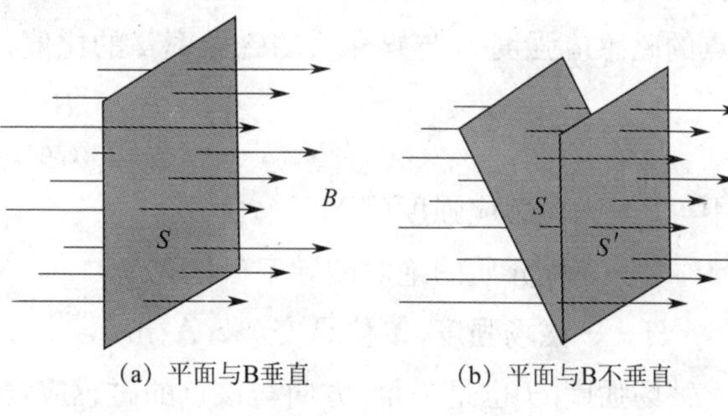

图 2－9　磁通

3. 磁导率

如果用一个插有铁棒的通电线圈去吸引铁屑，然后把通电线圈中的铁棒换成铜棒再去吸引铁屑，便会发现在两种情况下吸力大小不同，前者比后者大得多。这表明不同的媒介质对磁场的影响不同，影响的程度与媒介质的导磁性能有关。

磁导率就是一个用来表示媒介质导磁性能的物理量，用 μ 表示，其单位为 H/m(H 是电感的单位，名称是亨利，简称亨)，由实验测得真空中的磁导率 $\mu_0 = 4\pi \times 10^{-7}$ H/m，为一常数。

自然界大多数物质对磁场的影响甚微，只有少数物质对磁场有明显的影响。为了比较媒介质对磁场的影响，把任一物质的磁导率与真空的磁导率的比值称作相对磁导率，用 μ_r，表示，即：

$$\mu_r = \frac{\mu}{\mu_0}$$

相对磁导率只是一个比值。它表明在其他条件相同的情况下，媒介质中的磁感

应强度是真空中磁感应强度的多少倍。

根据相对磁导率的大小，可把物质分为三类：

顺磁物质如空气、铝、铬、铂等，其 μ_r 稍大于 1。

反磁物质如氢、铜等，其 μ_r 稍小于 1。

顺磁物质与反磁物质一般被称为非铁磁性材料。

铁磁物质如铁、钴、镍、硅钢、坡莫合金、铁氧体等，其相对磁导率 μ_r 远大于 1，可达几百甚至数万以上，且不是一个常数。

4. 磁场强度

当考虑媒介质对磁场的影响以后，就使得磁场的计算变得非常复杂。为了便于计算，从而引入了磁场强度这个物理量，用符号 H 表示，磁场强度的大小等于磁场中某点的磁感应强度 B 与媒介质的磁导率 μ 的比值，即

$$H=\frac{B}{\mu}=\frac{B}{\mu_0\mu_r}$$

式中 B——磁感应强度(T)；

μ——媒介质的绝对磁导率(H/m)；

H——磁场强度，单位是安/米(A/m)。

磁场强度 H 也是矢量，方向与该点的磁感应强度 B 的方向一致。有了磁场强度的概念以后，使得在许多情况下简化了磁场的计算。如在通电线圈中，如果保持线圈中的电流和匝数不变，只改变线圈中的铁磁材料，则线圈内磁场强度 H 就不变，而磁感应强度 B 发生了变化。运用磁场强度，还可以分析铁磁材料的磁化状况。

第二节　电流的磁场及电磁力

磁铁并不是磁场的唯一来源。丹麦物理学家奥斯特于 1820 年发现电流周围存在磁场。进一步研究表明，产生磁场的根本原因是电流；即使是永久磁铁的磁场也是由分子电流产生的。所谓分子电流，是由原子内的电子绕原子核高速旋转和电子自旋形成的。由此可见，电流和磁场之间有着不可分割的联系，即磁场总是伴随着电流而存在，而电流永远被磁场所包围。

一、电流的磁场

把一个小磁针放在通电导线旁，小磁针会转动(图 2－10)；在铁钉上绕上漆包线，通上电流后，铁钉能吸住小铁钉(图 2－11)。这些都说明，不仅磁铁能产生磁场，

电流也能产生磁场，这种现象称为电流的磁效应。

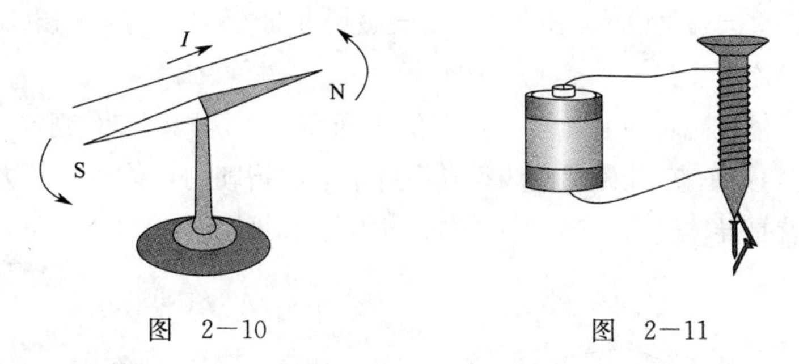

图 2—10　　　　图 2—11

电流所产生磁场的方向可用右手螺旋定则(也称安培定则)来判断。

1. 直线电流产生的磁场

直导线电流磁场的磁力线是一些以通电导线为轴的同心圆，如图 2—12 所示。电流方向与磁力线方向的关系是：用右手握住通电直导线，让拇指指向电流方向，则弯曲的四指所指的方向就是磁力线的环绕方向。

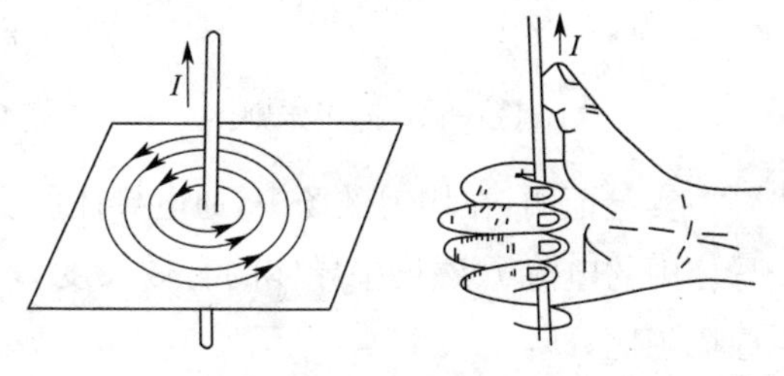

图 2—12

2. 环形电流产生的磁场

如图 2—13 所示，用右手握住通电螺线管，让弯曲的四指所指的方向跟电流的方向一致，则大拇指所指的方向就是螺线管内部磁感线的方向，也就是通电螺线管的磁场北极的方向(通电螺线管相当于一根条形磁铁)。

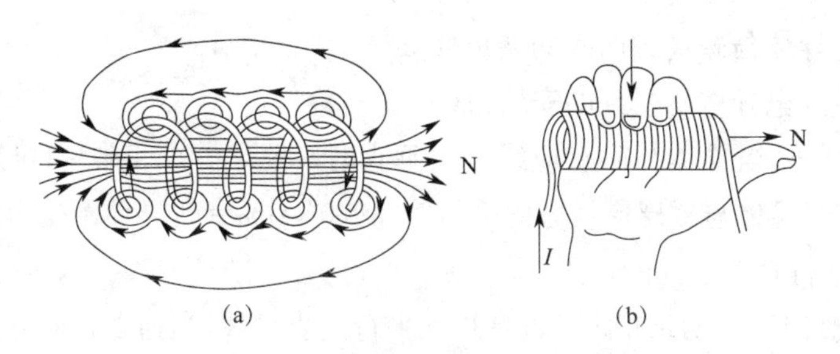

图 2—13　环形电流磁场方向的判定

二、电 磁 力

在上一节讨论磁感应强度时，我们已经初步了解了磁场对通电导体的作用力。通常把通电导体在磁场中受到的力称为电磁力，也称安培力。本节将对电磁力做进一步探讨。

1. 磁场对通电直导体的作用

仍采用图 2－8 的实验装置当我们改变磁场方向，或改变导线中电流方向，导体受力方向都随之改变。

通电直导体在磁场中所受作用力的方向，可用左手定则判定。判定时，将左手伸开，使拇指与四指垂直，让磁感应线垂直穿过掌心四指朝向导体电流的方向，大拇指所指的方向就是导体受力（安培力）方向，如图 2－14 所示。

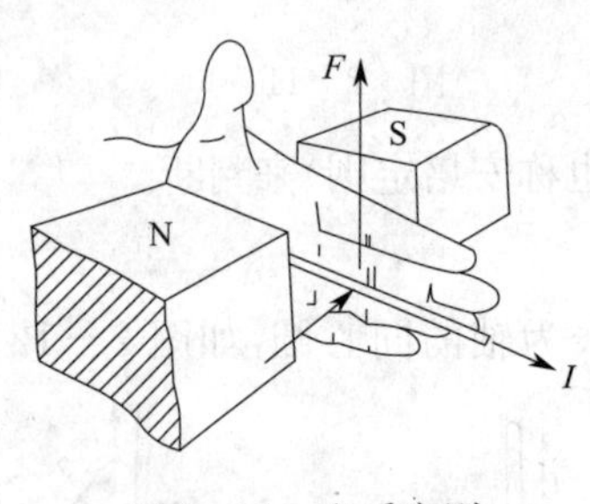

图 2－14　左手定则

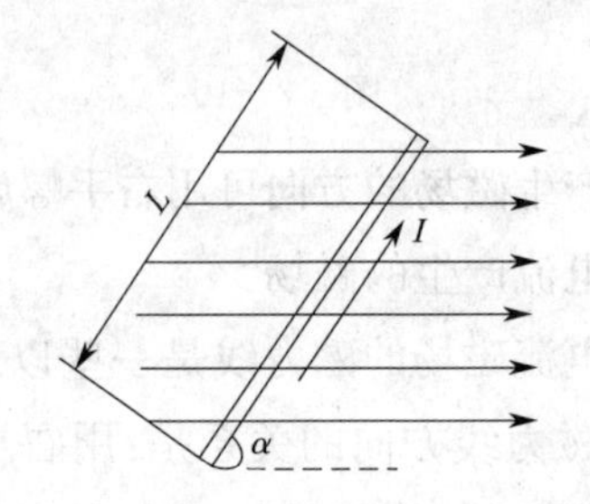

图 2－15　电流方向与磁场方向有一夹 α

实验证明：在均匀磁场中，通电导体所受到的安培力 F 的大小与磁感应强度 B、导体中的电流 I、磁场中导体的有效长度 L 以及导体与磁感应线之间的夹角 α 的正弦成正比，即：

$$F=BIL\sin\alpha$$

式中　B——磁感应强度（T）；

I——通过导体的电流（A）；

L——导体在磁场中的有效长度（m）；

α——导体与磁场方向间的夹角（rad）；

F——通电导体所受到的安培力（N）。

由上式可知，当导体与磁感应线方向垂直时，即 $\alpha=90°$，$\sin\alpha=1$，导体受力 $F=BIL$ 为最大；当导体与磁感应线方向平行时，$\alpha=0°$，$\sin\alpha=0$，导体不受力作用，$F=0$。

2. 通电平行直导线间的作用

如图 2－16 所示，两条相距较近且相互平行的直导线，当通以相同方向的电流时，它们相互吸引[图 2－16(a)]；当通以相反方向的电流时，它们相互排斥[图 2－16(b)]。这是由于每个电流都处在另一个电流的磁场中，因而每个电流都受到电磁力的作用。我们可以先用右手螺旋法则判断一个电流产生的磁场方向，再用左手定则判断另一个电流在这个磁场中所受电磁力的方向。

3. 磁场对通电线圈的作用

如图 2－17 所示，在均匀磁场中放入一个线圈，当给线圈通入电流时，它就会在电磁力的作用下旋转起来。线圈的旋转方向可按左手定则判断，当线圈平面与磁感线平行时，线圈在N极一侧的有效部分所受电磁力向下，在S极一侧的有效部分所受电磁力向上，线圈按顺时针方向转动，这时线圈所产生的转矩最大。当线圈平面与磁感线垂直时，电磁转矩为零，但由于惯性，线圈仍继续转动。通过换向器的作用，与电源负极相连的电刷A始终与转到N极一侧的导线相连，电流方向恒为由A流出线圈与电源正极相连的电刷B始终与转到S极一侧的导线相连，电流方向恒为由B流入线圈。因此，线圈始终能按顺时针方向连续旋转。

由于这种电动机的电源是直流电源，所以称直流电动机。此外，许多利用永久磁铁来使通电线圈偏转的磁电式仪表，也都是利用这一原理制成的(图2－18)。

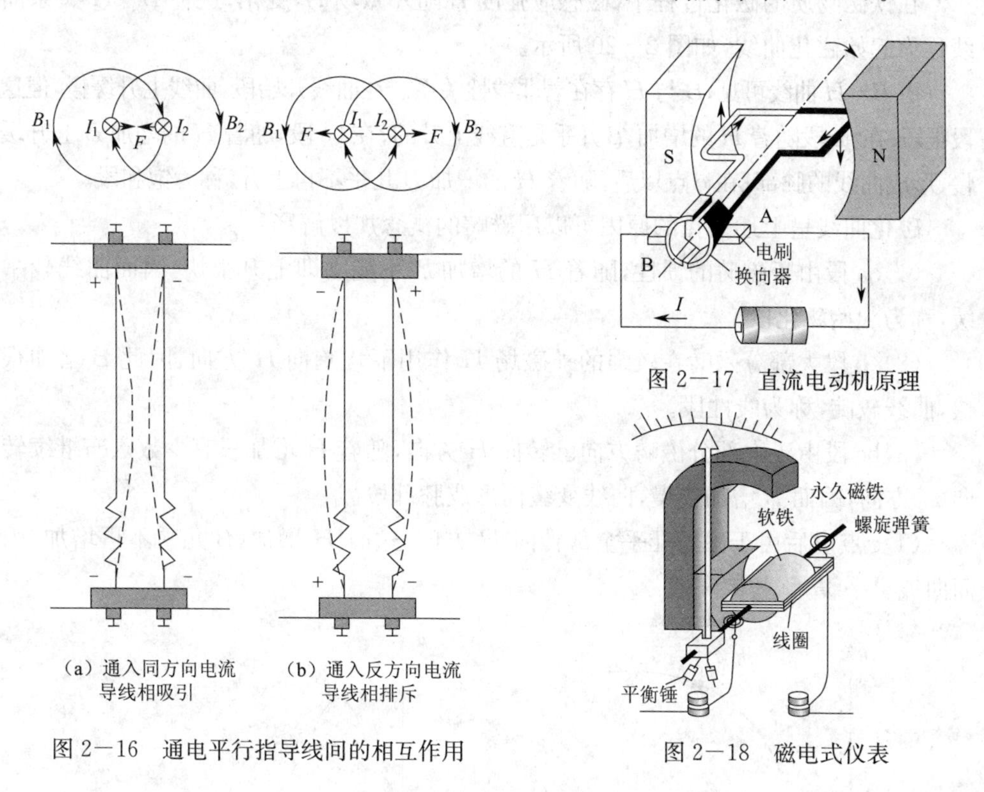

（a）通入同方向电流导线相吸引

（b）通入反方向电流导线相排斥

图2－16　通电平行指导线间的相互作用

图2－17　直流电动机原理

图2－18　磁电式仪表

第三节　铁磁物质

一、铁磁物质的磁化

使原来没有磁性的物质具有磁性的过程称为磁化。只有铁磁物质才能被磁化。

铁磁物质可以看做是由许多被称为磁畴的小磁体所组成的。在无外磁场作用时，磁畴排列杂乱无章，磁性互相抵消，对外不显磁性[图2－19(a)]；但在外磁场作用下，磁畴就会沿着外磁场方向变成整齐有序的排列，所以整体也就且有了磁性[图 2－19(b)]。

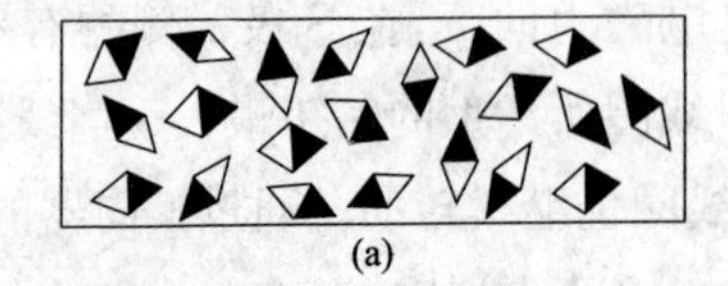

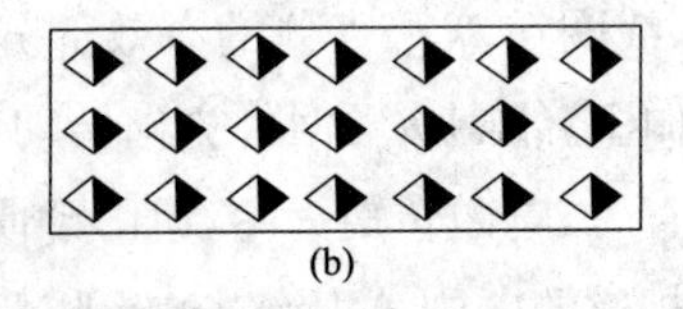

图 2－19　铁磁物质的磁化

二、磁化曲线

1. 起始磁化曲线

在铁磁物质的磁化过程中，磁感应强度 B 随外磁场 H 变化，这种 $B-H$ 关系曲线称为起始磁化曲线，如图 2－20 所示。

由 $B-H$ 曲线可见，B 与 H 存在着非线性关系。在曲线开始段，曲线上升缓慢，但这段很短；在 ab 段随着 H 的增加，B 几乎是直线上升的；在 bc 段，随着 H 的增加 B 上升缓慢，形成曲线的膝部；在 c 点以后，随着 H 的增加 B 几乎不再上升，称为饱和段。

磁化曲线呈上述变化的原因可以用磁畴的概念加以解释：

(1)oa 段由于磁畴的惯性，随着 H 的增加 B 不能立即上升很快，因而曲线较平缓，称为起始磁化段。

(2)ab 段大部分磁畴在较强的外磁场 H 作用下均趋向 H 方向，因此 B 增加很快，曲线较陡，称为线性段。

(3)bc 段由于大部分磁畴方向已转向 H 方向，随着 H 增加只有少数磁畴继续转向 H 方向，因而 B 增加变慢，曲线变缓而形成膝部段。

(4)c 点以后由于磁畴几乎全部转向 H 方向，这时 H 增加，B 几乎不再增加，因而曲线更平缓，称为饱和段。

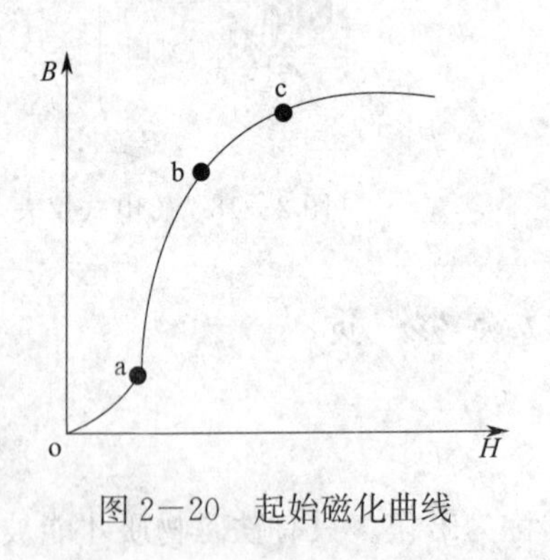

图 2－20　起始磁化曲线

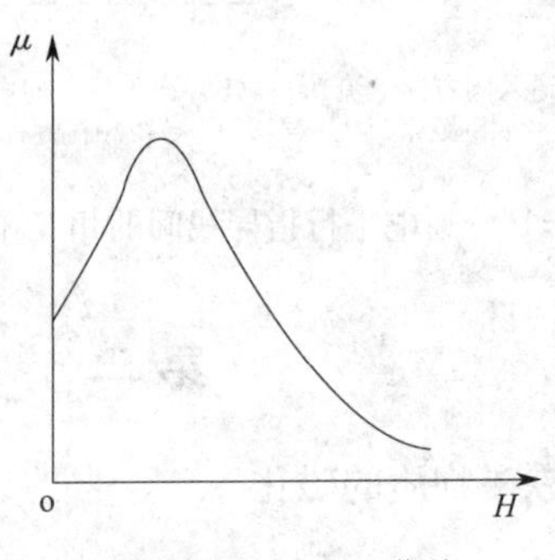

图 2－21　$\mu-H$ 曲线

在 H 变化过程中，μ 也在变化。μ 随 H 的变化曲线如图 2－21 所示 μ 有一个最大值，在实际使用铁磁材料时，可根据不同要求，选择合适的 μ 值范围。

2. 磁滞回线

铁磁材料在交变磁场中进行反复磁化时，可得到如图2—22所示的磁滞回线。它可以利用图2—23所示的磁化装置获得。当开关S置于不同位置时，通过改变环形线圈的电流方向，获得方向相反的外磁场。调整R值使线圈电流逐渐增大，当H达到$+H_m$值时，线圈中间的环形铁磁材料被磁化，得到一条起始磁化曲线，如图a中oc段。如果使H_m减小到零，这时曲线并不沿oc下降，B仍保持着一定数值(即od值)，这个数值叫做剩磁。

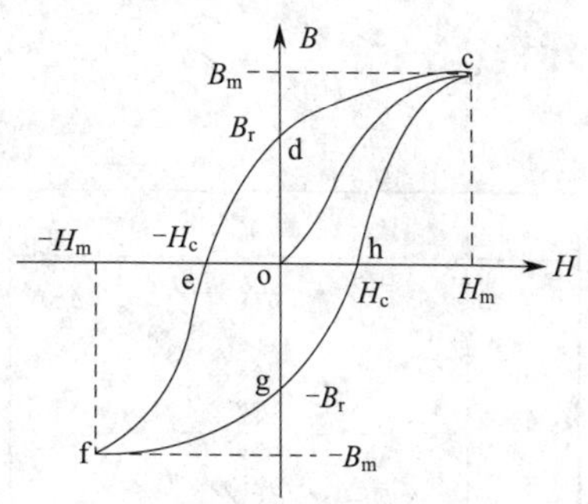

图2—22　磁滞回线

改变线圈电流方向重复上述实验，使H反向增加。当H反向增加到c点，B下降到零，说明剩磁已完全消失。de段曲线叫做退磁曲线。这时的反向磁场强度(oe的值)称为矫顽力。

当反向磁场继续增加至$-H_m$时，B也反向增加，如曲线ef段。若把反向磁场又恢复到零值，则又有一定的反向剩磁，如og值。这时若在线圈中通以正向电流，则又使反向剩磁为零…如此这样，铁磁材料将被反复磁化。通过反复磁化得到的cdefghc叫做磁滞回线。

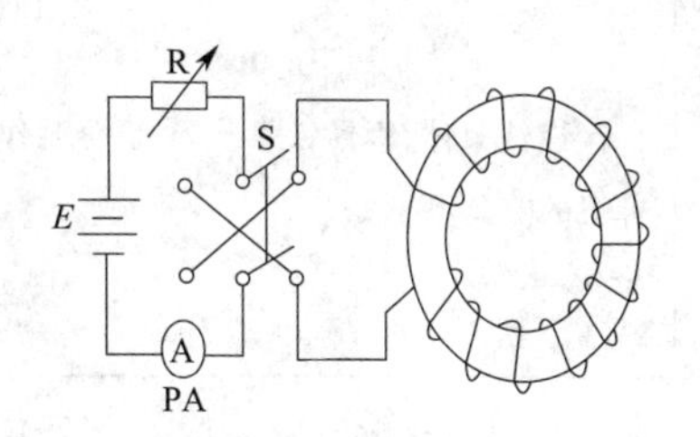

图2—23　磁化装置

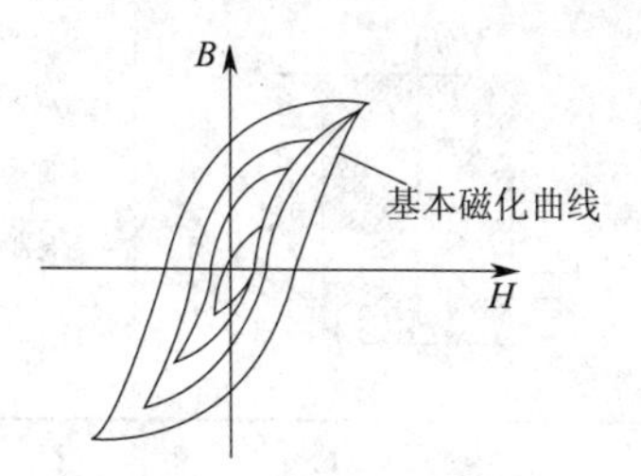

图2—24　基本磁化曲线

3. 基本磁化曲线

选择不同的H_m值对铁磁材料进行交变磁化，可相应得到一系列大小不同的磁滞回线。如图2—24所示。将这些不同H_m值的磁滞回线的顶点连接起来得到的曲线，称为基本磁化曲线。图2—25给出几种铁磁材料的基本磁化曲线。

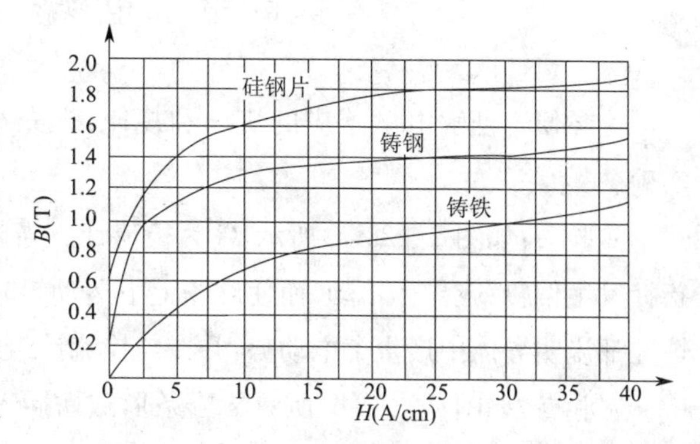

图2—25　几种铁磁材料的基本磁化曲线

三、铁磁材料的分类及特点

不同铁磁材料具有不同的磁滞回线，它们的用途也不同，一般可分为三类，见表2—1。

表 2—1　铁磁材料分类

名称	磁滞回线	特点	典型材料及用途
硬磁材料	Φ O I	不易磁化 不易退磁	碳钢、钴钢等，适合制作永久磁铁，扬声器的磁钢
软磁材料	Φ O I	容易磁化 容易退磁	硅钢、铸钢、铁镍合金等，适合制作电机、变压器、继电器等设备中的铁芯
矩磁材料	Φ O I	很易磁化 很难退磁	锰镁铁氧体、锂锰铁氧体等，适合制作磁带、计算机的磁盘

第四节　电磁感应

为了便于理解电磁感应的概念和规律，先介绍法拉第的两个典型的电磁感应实验。

实验一：如图 2—26(a)所示，G 为检流计。当导体做切割磁感线运动时，检流计指针发生偏转；或导体不动，而使磁场上下运动，检流计指针也会发生偏转。这两种情况都说明导体中产生了电动势，并在与检流计组成的回路中引起了电流。

实验二：如图 2—26(b)所示。当条形磁铁插入或拔出线圈时，检流计指针发生左右偏转，说明线圈中产生了两次方向不同的电流。

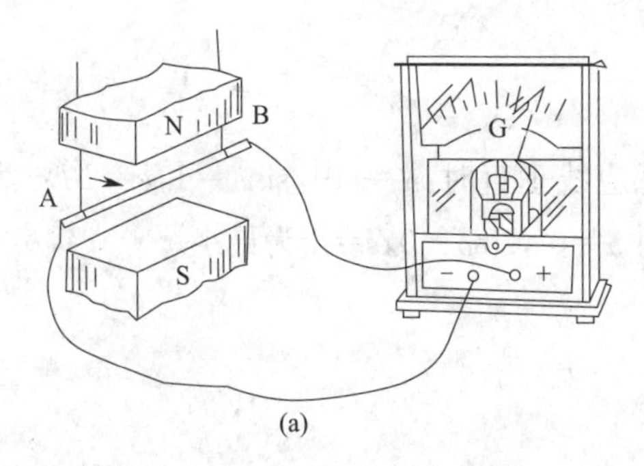

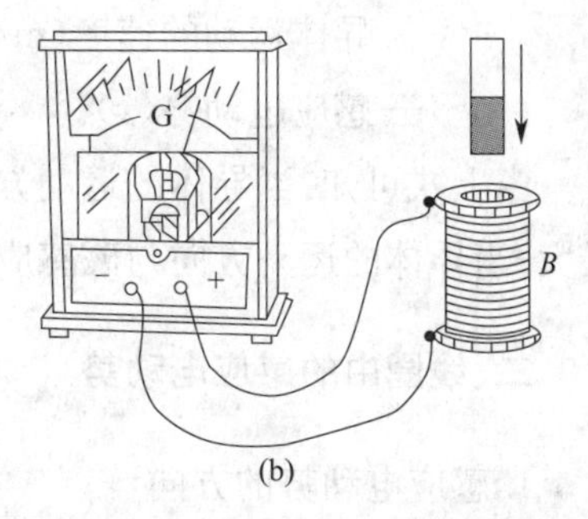

图 2—26 电磁感应实验

以上两个实验证明：当导体相对于磁场而作切割磁感应线运动或通过线圈的磁通量发生变化时，在导体或线圈中就会产生电动势；若导体或线圈是闭合电路的一部分，在导体或线圈中将会产生电流；这种由导体相对运动切割磁感应线或变化磁场在导体中磁通量发生变化而产生电动势的现象称电磁感应现象，而由电磁感应引起的电动势叫做感应电动势，由感应电动势引起的电流称感应电流。

一、直导体中的感应电动势

1. 感应电动势的方向

作切割磁感线运动的导体，其产生感应电动势的方向可由右手定则来确定：平伸右手，拇指与四指垂直，让磁感应线垂直穿过掌心，拇指指向导体运动方向，四指所指方向就是感应电动势的方向(或感应电流的方向)，如图 2—27 所示。

需要注意的是：判断感应电动势方向时，要把导体看成是一个电源，在导体内部，感应电动势的方向由负极指向正极，感应电流的方向与感应电动势的方向相同，如果当直导体不形成闭合回路时，导体中只产生感应电动势，不产生感应电流。

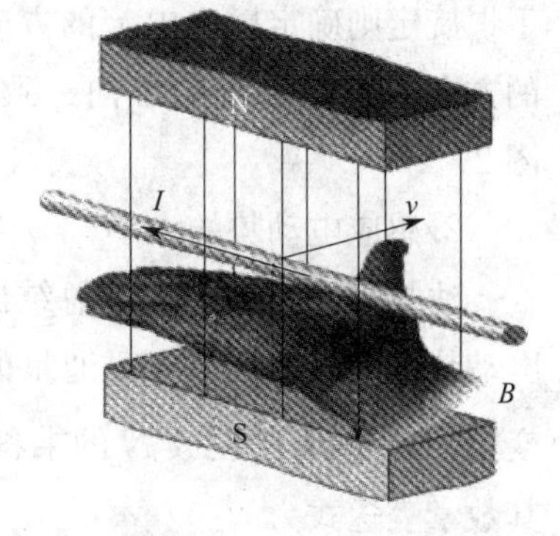

图 2—27 右手定则

2. 感应电动势的大小

在均匀磁场中，作切割磁感应线运动的直导体，其感应电动势 e 的大小与磁感应强度 B，导体的有效长度 L，导体的运动速度 v。以及导体运动方向与磁感应线之间夹角∂的正弦值成正比，即

$$e=BLv\sin\partial$$

式中 B——磁感应强度(T)；

L——导体有效长度(m)；

v ——导体运动的速度(m/s)；

e——感应电动势(v)。

由上式可知，当导体的运动方向与磁感应线垂直时：$\alpha=90^\circ$，$\sin\alpha=1$，$e=BLv$ 为最大；当导体的运动方向与磁感应线平行时 $\alpha=0^\circ$，$\sin\alpha=0$，$e=0$ 为最小。

二、线圈中的感应电动势

1.感应电动势的方向

我们已经知道，线圈中的磁通量发生变化时，线圈就会产生感应电动势。感应电动势的方向由楞次定律和右手螺旋定则来确定。

楞次定律：感应电流产生的磁通总是企图阻碍原磁通的变化。也就是说，当线圈中的磁通量要增加时；感应电流就要产生一个磁通去阻碍它增加；当线圈中的磁通量要减少时，感应电流就要产生一个磁通去阻碍它减少。

利用楞次定律判断感应电流方向，具体步骤如下：

(1)确定原磁场的方向及其变化趋势(即是增加还是减少)。

(2)由楞次定律确定感应电流的磁通方向是与原磁通同向还是反向。

(3)根据感应电流产生的磁通方向，用右手螺旋定则确定感应电流的方向，感应电动势的方向与感应电流的方向一致。判断方法见图 2－28。

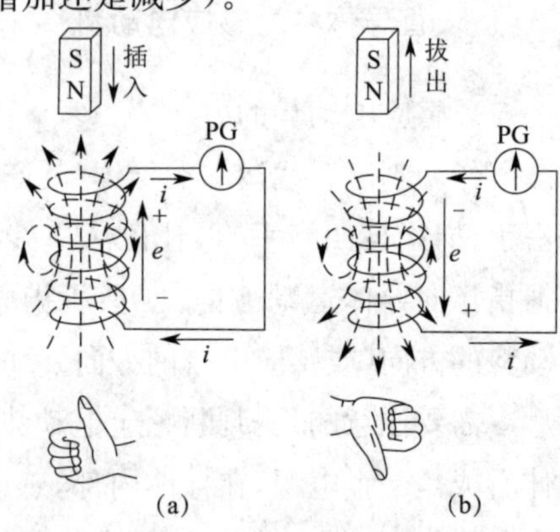

图 2－28　感应电流方向的判断

2.感应电动势的大小

法拉第通过大量实验总结出：线圈中感应电动势的大小与线圈中磁通量的变化快慢(即变化率)和线圈的匝数 N 的乘积成正比。通常把这个规律叫法拉第电磁感应定律，其数学表达式为

$$e=\left|-N\frac{\Delta\Phi}{\Delta t}\right|$$

式中　N——线圈的匝数；

$\Delta\Phi$——N 匝线圈的磁通变化量(Wb)；

Δt——磁通变化所需要的时间(s)；

e ——感应电动势的平均值(V)。

上式中，负号表示感应电流所产生的磁通总是企图阻止原来磁通的变化，感应电动势的方向总是和磁通变化的趋势相反。实际中判断感应电动势的方向还是用楞次定律,上式只是用来计算感应电动势的大小。

第五节　自感和互感

一、自　　感

1. 自感现象

图 2—29 是观察自感现象的实验电路。在图 2—29(a)电路中 HL1 和 HL2 是完全相同的两只灯泡,线圈 L 的阻值和电阻 R 相等。当开关 SA 闭合后,灯泡 HL1 立即正常发光,而 HL2 却是慢慢变亮。这是为什么呢?原来,当合上开关后,因灯泡 HL2 与线圈 L 串联,通过线圈 L 的电流由零开始增大,穿过线圈 L 的磁通也随之增加,根据楞次定律可知,感应电动势要阻碍线圈中电流的增大,因此灯泡 HL2 必然要比 HL1 亮得慢些。

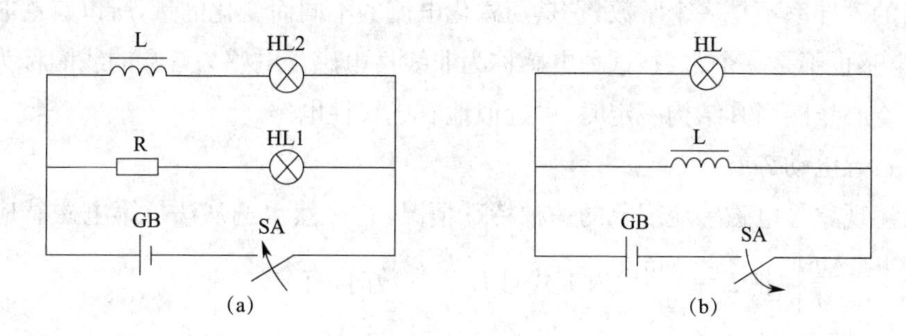

图 2—29　自感实验电路

在图 2—29(b)电路中,当合上开关灯泡正常发光后,再断开开关,灯泡并不是立即熄灭,而是闪亮一下,然后才熄灭。这是由于断开开关后,通过线圈 L 的电流突然减小,穿过线圈 L 的磁通也很快减少,线圈中必然要产生一个很强的感应电动势,以阻碍电流的减小。虽然这时电源已被切断,但线圈 L 和灯泡 HL 组成了回路,在这个电路中有较大的感应电流通过,所以灯泡会突然闪亮。

从上述两个实验可以看出,当线圈中的电流发生变化时,线圈中就会产生感应电动势,这个电动势总是阻碍线圈中原来电流的变化。这种由于流过线圈本身的电流发生变化而引起的电磁感应现象称为自感现象,简称自感。在自感现象中产生的感应电动势称为自感电动势,用 e_L 表示,自感电流用 i_L 表示。

2. 自感系数

当线圈中通入电流后. 这一电流使每匝线圈所产生的磁通称为自感磁通。当同一电流通入结构不同的线圈时，所产生的自感磁通量是不相同的。为了衡量不同线圈产生自感磁通的能力，引入自感系数（简称电感）这一物理量，用 L 表示，它在数值上等于一匝线圈中通过单位电流所产生的自感磁通。即

$$L=\frac{N\Phi}{I}$$

式中　Φ——线圈所产生的自感磁通（Wb）；

I——流过线圈的外电流（A）；

N——线圈匝数；

L——线圈的电感，单位是亨（H）。

式中 $N\Phi$ 为 N 匝线圈的总磁通，也称自感磁链。L 的单位是亨利，简称亨，用 H 表示。常采用较小的单位有毫亨（mH）和微亨（μH）。

线圈的电感是由线圈本身的特性决定的。线圈越长，单位长度上的匝数越多，截面积越大，电感就越大。有铁芯的线圈，其电感要比空芯线圈的电感大得多。由于铁磁材料的磁导率不是一个常数，它是随磁化电流的不同而变化的量，所以有铁芯的线圈，其电感也不是一个常数，这种电感称为非线性电感。电感为常数的线圈称为线性电感。空心线圈当其结构一定时，可近似地看成线性电感。

3. 自感电动势

自感现象是电磁感应现象的一种特殊情况，它必然也遵从法拉第电磁感应定律故 $e_L=\left|-\frac{\Delta\Phi}{\Delta t}\right|$，把 $L=\frac{N\Phi}{I}$ 代入上式且 L 为常数时，有

$$e_L=\left|-L\frac{\Delta I}{\Delta t}\right|$$

上式表明，自感电动势的大小与线圈的电感及线圈中外电流的变化快慢（变化率）成正比。负号表示自感电动势的方向总是企图阻碍外电流变化。

4. 自感电动势方向

自感电动势的方向仍用楞次定律判断。由于自感电动势总起着阻碍外电流变化的作用，所以，当线圈中外电流 I 增大时，自感电动势的方向与外电流方向相反，以阻碍外电流增大，如图 2－30(a)所示；当线圈中外电流 I 减小时，自感电动势的方向与外电流方向相同，以阻碍外电流减小如图 2－30(b)所示。可见，电感线圈在电路中具有稳定电流的作用。在线圈电阻一定时，电感越大，稳流作用越强。

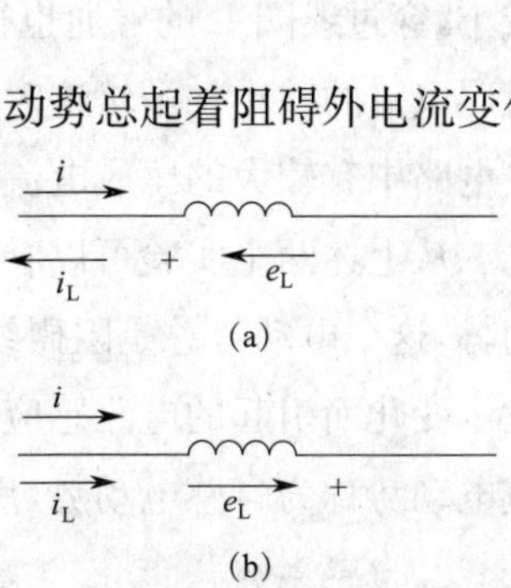

图　2－30

二、互　感

1. 互感现象

所谓互感现象，就是由一个线圈中的电流变化引起另一个线圈产生电磁感应的现象叫互感现象简称互感。由互感产生的感生电动势称互感电动势用 e_M 表示。

如图 2－31 所示，线圈 1 叫原线圈或一次线圈；线圈 2 叫副线圈或二次线圈。当开关 SA 闭合或切断的瞬间，可以看到与线圈 2 相连的电流表发生偏转，这是因为线圈 1 中变化的电流要产生变化的磁通 Φ_{11} 这个变化的磁通中有一部分 Φ_{12} 要通过线圈 2，使线圈 2 产生感应电动势，并由此产生感应电流使电流表发生偏转。

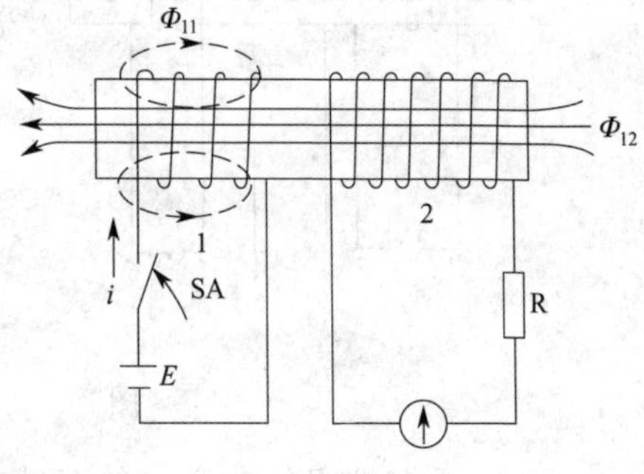

图 2－31　互感电路

2. 互感电动势的大小

互感电动势的大小与线圈 2 中磁通变化量 Φ_{12} 有关，而 Φ_{12} 是 Φ_{11} 的一部分。如果用 Φ_{11} 描述互感电动势 e_M 的大小，则要考虑线圈 2 与线圈 1 的相对位置，周围的磁介质和两线圈的自感系数 L_1，L_2 等因素。为了简化起见，我们直接用 Φ_{12} 来描述线圈 2 中的互感电动势 e_{M2}。根据法拉第电磁感应定律有

$$e_{M2}=\left|-N_2\frac{\Delta\Phi_{12}}{\Delta t}\right|$$

式中　N_2——线圈 2 的匝数；

$\frac{\Delta\Phi_{12}}{\Delta t}$——在线圈 2 中产生的磁通随时间的变化率，又称互感磁通量变化率(Wb/s)；

e_{M2}——在线圈 2 中产生的互感电动势(V)。

上式说明，互感电动势的大小与互感磁通量的变化率以及二次线圈的匝数成正比，即正比于第一个线圈中电流的变化率。当两个线圈互相垂直时，互感电动势最小。当第一个线圈的磁通全部穿过第二个线圈时，互感电动势最大，这时也称全耦合。且电动势与线圈匝数成正比。

3. 同名端

互感电动势的方向不仅与磁通的变化趋势有关，还与线圈的绕向有关。为此，有必要引入描述线圈绕向的概念——同名端。所谓同名端，就是互感线圈由于绕在同一铁芯上其绕向一致而感应电动势的极性始终保持一致的端点。在图 2－32(a)中，

线圈 A,B,C 中的 1,4,5 端点为同名端,2,3,6 端点也是同名端。在电路中通常用“.”或“ * ”表示同名端。

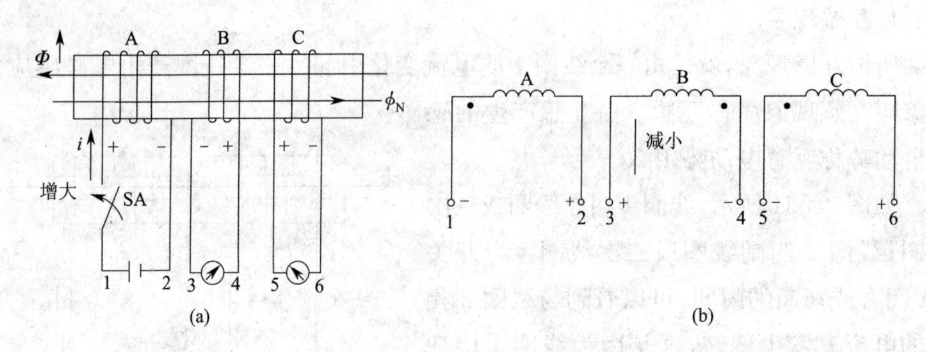

图 2—32　互感线圈的同名端

那么,同名端跟各自产生的互感电动势的方向有什么关系呢? 在图 2—32(a)中,SA 闭合瞬间,线圈 A 的“1”端电流增大,根据楞次定律和右手螺旋定则可以判断出各线圈感应电动势的极性如图 2—32(b)所示。从图中看出,绕向相同的 1,4,5 这三个端点的感应电动势(线圈 A 是自感,线圈 B,C 是互感)的极性都为“+”,而 2,3,6 这三个端点都为“—”。断开 SA 瞬间,则 1,4,5 这三个端点的极性一起变为“—”,而 2,3,6 这三个端点的极性又一起变为“+”。由此可见,无论通入线圈中的电流如何变化,线圈绕向相同的端点,其自感或互感电动势的极性始终是相同的。这也是人们把绕向相同的端点叫做同名端的原因所在。

另外,有了同名端的概念以后,也为实际中使用电感器件带来方便,人们只要通过器件外部的同名端符号,就可以知道线圈的绕向。如果同名端符号脱落,还可根据上述介绍用实验的方法确定同名端。

4. 涡流

在具有铁芯的线圈中通以交流电时,就有交变磁通穿过铁芯,由楞次定律可知,在导电的铁芯内部必然感应出感应电流。由于这种电流在铁芯中自成闭合回路,其形状如同水中旋涡,所以称为涡流,如图 2—33(a)所示。

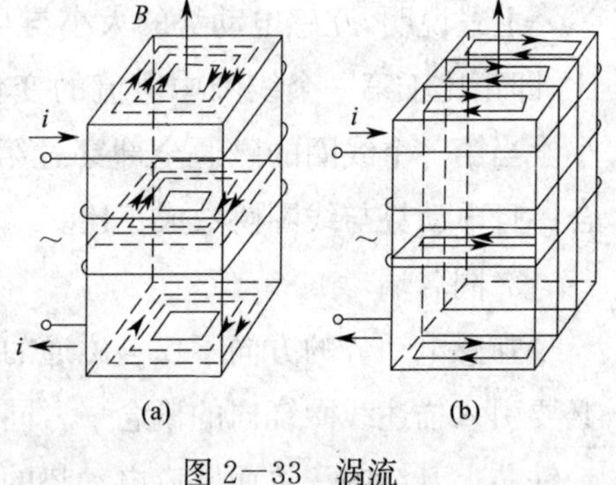

图 2—33　涡流

涡流对含有铁芯的电动机和电气设备是十分有害的。因为涡流不但消耗电能使电动机和电气设备的效率降低,而且使铁芯发热造成设备因过热而损坏(通常人们把涡流引起的损耗和磁滞引起的损耗合称铁损）。此外，涡流有去磁作用，会削弱原磁场，这在某些场台下也是有害的。

为了减小涡流，在低频范围内电动机和电气都不用整块铁芯，而是用电阻率较大、表面涂有绝缘漆的硅钢片叠装而成的铁芯，如图 2－33(b)所示。这样，不但把产生涡流的区域分割划小，而且相对增加了涡流流通路径的总长度，增大了对涡流的阻力，从而可使涡流减小。

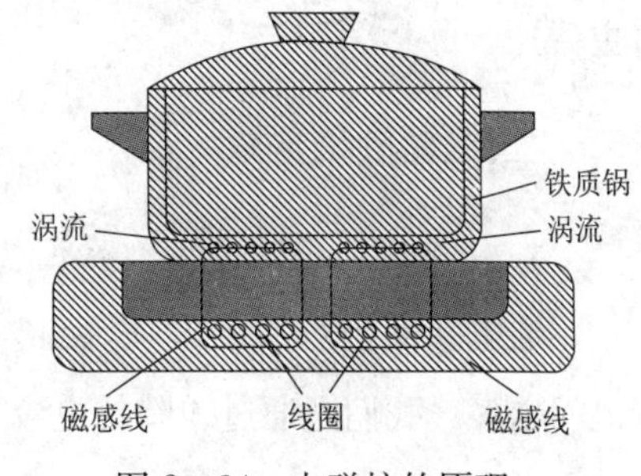

图 2－34　电磁炉的原理

但涡流也有其有用的一面。家用电磁炉就利用涡流原理制成，如图 2－34 所示。当加热线圈中通入很高的交变电流时，就会产生交变磁场，磁感线穿过铁磁材料制成的锅底产生涡流，锅就被加热。

第六节　磁路欧姆定理

一、磁　　路

通电线圈会产生磁场，而铁磁材料又具有很强的导磁能力，所以常常将铁磁材料制成一定形状(多为环状)的铁芯。这样就为磁通的集中通过提供了路径。

磁通所通过的路径称为磁路。图 2－35 为几种电气设备的磁路。

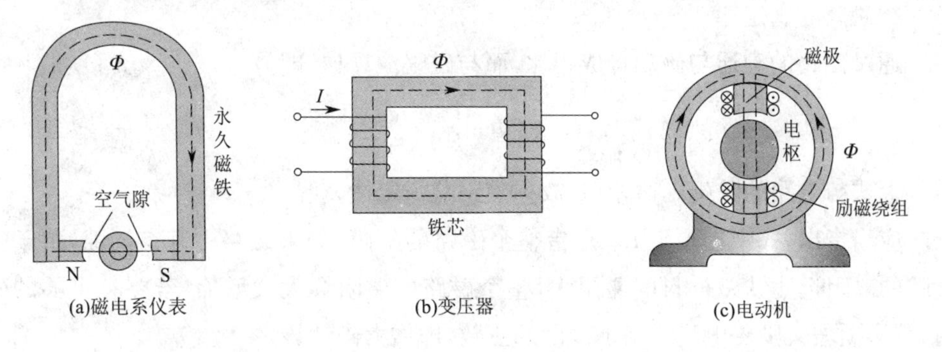

图 2－35　几种设备的磁路

磁路可分为无分支磁路和有分支磁路。如图 2－35 中(a)和(b)为无分支磁路，(c)为有分支磁路。磁路中除铁芯外往往还有一小段非铁磁材料，例如空气隙等。由于磁感线是连续的所以通过无分支磁路各处横截面的磁通是相等的[如图 2－35(a)]。

利用铁磁材料可以尽可能地将磁通集中在磁路中，但是与电路比较，磁路的漏磁现象要比电路的漏电现象严重得多。全部在磁路内部闭合的磁通称主磁通，部分经过磁路周围物质而自成回路的磁通称为漏磁通(图2—36)，在漏磁不严重的情况下可将其忽略，只考虑主磁通。

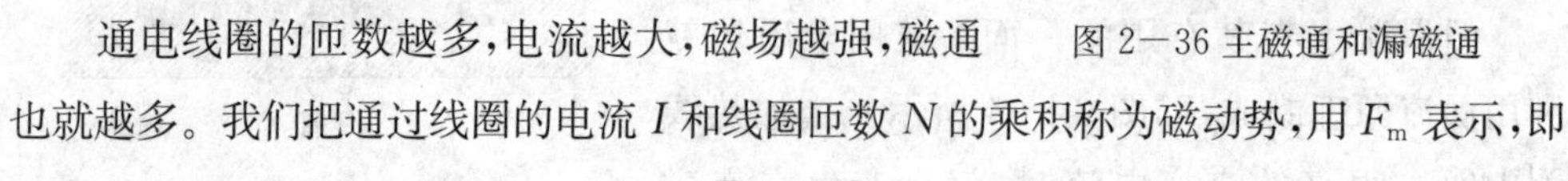

图 2—36 主磁通和漏磁通

二、磁路欧姆定律

1. 磁动势

通电线圈的匝数越多，电流越大，磁场越强，磁通也就越多。我们把通过线圈的电流 I 和线圈匝数 N 的乘积称为磁动势，用 F_m 表示，即

$$F_m=NI$$

磁动势的单位是 A。

2. 磁阻

电路中有电阻，磁路中也有磁阻。磁阻就是磁通通过磁路时所受到的阻碍作用，用符号 R_m 表示。与导体的电阻相似，磁路中磁阻的大小与磁路的长度 L 成正比，与磁路的横截面积 S 成反比，并与组成磁路材料的磁导率有关，其公式为

$$R_m=\frac{L}{\mu S}$$

式中　μ、L、S 的单位分别为 H/m、m、m^2，磁阻单位为 H^{-1}。

3. 磁路欧姆定律

通过磁路的磁通与磁动势成正比，而与磁阻成反比，即

$$\Phi=\frac{F_m}{R_m}$$

上式与电路的欧姆定律相似，故称磁路欧姆定律。

应当指出，式中的磁阻 R_m 是指整个磁路的磁阻，如果磁路中有空气隙，由于空气隙的磁阻远比铁磁材料的磁阻大，整个磁路的磁阻会大大增加，若要有足够的磁通，就必须增大励磁电流或增加线圈的匝数，即增大磁动势。

由于铁磁材料磁导率的非线性，磁阻 R_m 不是常数，所以磁路欧姆定律只能对磁路作定性分析。

三、磁路与电路的比较

由以上分析可知，磁路中的某些物理量与电路中的某些物理量有对应关系，而且磁路中某些物理量之间与电路物理量之间有相似关系见表 2—2。

表 2—2　磁路与电路相似关系

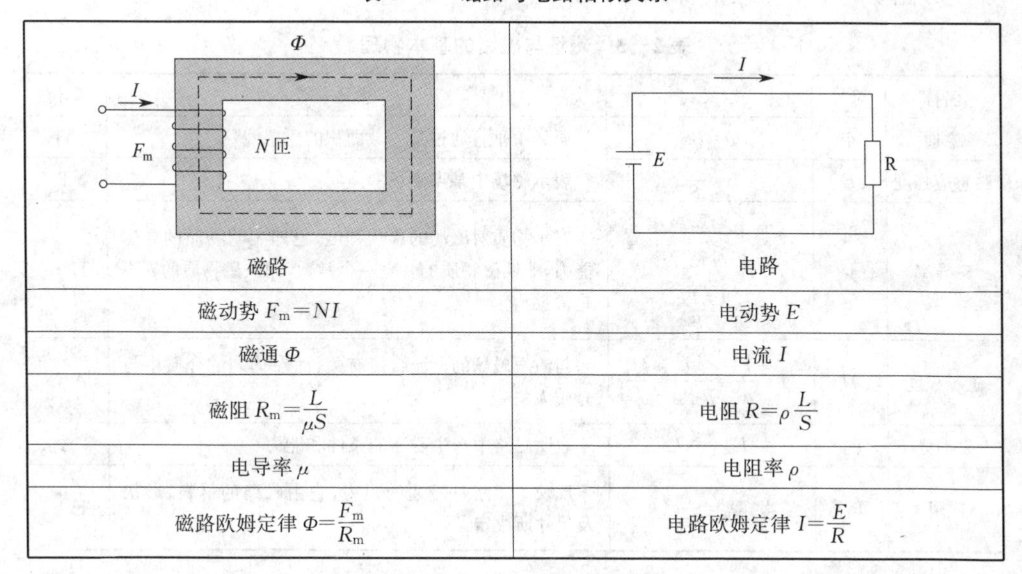

磁路	电路
磁动势 $F_m=NI$	电动势 E
磁通 Φ	电流 I
磁阻 $R_m=\frac{L}{\mu S}$	电阻 $R=\rho\frac{L}{S}$
电导率 μ	电阻率 ρ
磁路欧姆定律 $\Phi=\frac{F_m}{R_m}$	电路欧姆定律 $I=\frac{E}{R}$

四、电 磁 铁

将螺线管紧密地套在一个铁芯上，就构成了一个电磁铁。实际应用的电磁铁一般由励磁线圈、铁芯、衔铁三个主要部分组成。电磁铁按励磁电流性质的不同，分为直流电磁铁和交流电磁铁；按用途的不同，又可分为超重电磁铁、控制电磁铁和电磁吸盘等(图 2—37)。

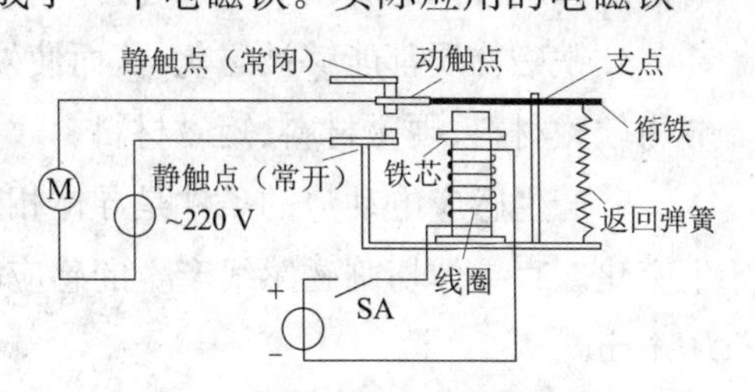

图 2—37　利用电磁铁原理制成的电磁继电器

即使是额定电压相同的交、直流电磁铁，也绝不能互换使用。若将交流电磁铁接在直流电源上使用，由于线圈感抗为零，只有很小的电阻，因此励磁电流要比接在相同电压的交流电源上时的电流大许多倍，从而烧坏线圈。若将直流电磁铁接在交流电源上，则会因为线圈本身阻抗太大，使励磁电流过小而吸力不足，致使衔铁不能正常工作。

本 章 小 结

1. 磁铁周围和电流周围都存在着磁场。磁场常用磁感线来形象地描述。磁感线是互不交叉的闭合曲线，在磁体外部由 N 极指向 S 极，在磁体内部由 S 极指向 N 极，切线方向表示磁场方向。

2. 磁场的基本物理量(表 2—3)。

表 2—3　磁场与磁路的基本物理量

名称	符号	定义式	意义	单位
磁通	Φ	$\Phi=BS$	磁场中垂直通过某一截面积的磁感线量	Wb
磁感应强度	B	$B=\frac{\Phi}{S}$	表示磁场中某点磁场的强弱	T
磁导率	μ	μ_0 真空磁导率 μ_r 相对磁导率 $\mu_r=\frac{\mu}{\mu_0}$	表示物质对磁场的影响程度,也即表明物质的导磁能力,非铁磁物质的 μ 是一个常数,而铁磁物质的 μ 不是常数	H/m
磁场程度	H	$H=\frac{B}{\mu}=\frac{B}{\mu_r\mu_0}=\frac{NI}{l}$	与激发磁场的电流直接有关,而在均匀的介质中与介质无关	A/m
磁动势	F_m	$F_m=NI$	表明磁路中产生磁通的条件和能力	A
磁阻	R_m	$R_m=\frac{l}{\mu S}$	反映了磁路对磁通的阻力,它由磁路的材料、形状及尺寸所决定	H^{-1}

3. 电流产生的磁场方向可用安培定则判断,磁场对处在其中的载流导体有作用力,其方向用左手定则判断:电磁力的大小为 $F=BI/\sin\alpha$。式中 α 为载流直导体与磁感应强度方向的夹角。

4. 铁磁物质都能够被磁化,从而使外加磁场增强;铁磁物质根据其矫顽力不同可分为软磁材料、硬磁材料、矩磁材料。

5. 产生感应电动势的条件是导体相对磁场运动而切割磁感线或线圈中的磁通发生变化。直导体切割磁感线产生的感应电动势方向用右手定则来判断,其大小为$e=BLv\sin\partial$。

6. 楞次定律:感应电流的磁场总是阻碍原磁通的变化。法拉第电磁感应定律:线圈中感应电动势的大小与磁通的变化率成正比,即 $e=\left|-N\frac{\Delta\Phi}{\Delta t}\right|$ 通常用此式计算感应电动势的大小,而用楞次定律来判别感应电动势的方向。

7. 由于线圈本身电流变化而引起的电磁感应叫自感。自感电动势的大小与电流对时间的变化率成正比,表示式为:$e_L=\left|-L\frac{\Delta I}{\Delta t}\right|$。

8. 互感是一个线圈中的电流变化而在另一耦合线圈中引起的电磁感应现象。互感电动势的大小为:$e_{M2}=\left|-N_2\frac{\Delta\Phi_{12}}{\Delta t}\right|$。它表明:一个线圈中互感电动势的大小,正比于另一个线圈中电流的变化率。互感电动势的方向利用同名端判别较为简便。

9.电感线圈是一种储能元件，利用它可以将电能转换成磁能并储存在线圈中。

10.磁路中的磁通、磁动势和磁阻之间的关系，可用磁路欧姆定律表示，即：

$$\Phi=\frac{F_m}{R_m}$$

式中，$F_m=NI$；$R_m=\frac{L}{\mu S}$。

习　题

1.什么叫磁和磁场？磁场的基本物理量有哪些？写出它们的表达式。

2.通电直导体、通电线圈磁场的方向由什么定则确定？简述该定则的内容。

3.电磁感应现象有何特点？如何计算感应电动势的大小？

4.自感有何特点？如何计算自感的大小？

5.互感有何特点？如何计算互感的大小？

6.试判断题图2—1中通电线圈的N，S极或根据已标明的磁极极性判断线圈中的电流方向。

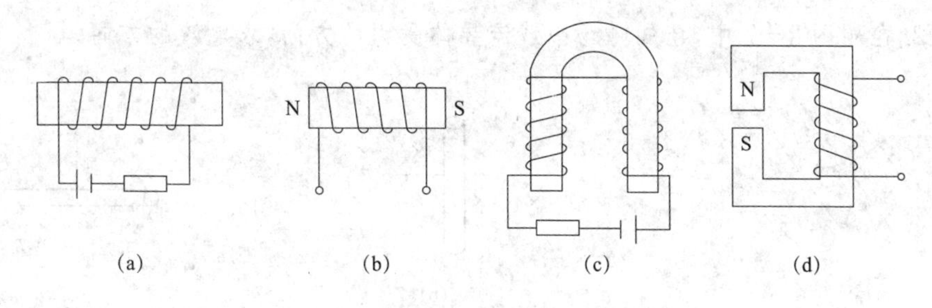

题　图2—1

7.如题图2—2所示，请根据小磁针在图中位置确定电源的正、负极性。

8.如题图2—3所示，已知$S=100\ m^2$，$B=0.08\ T$，求通过面积S的磁通。

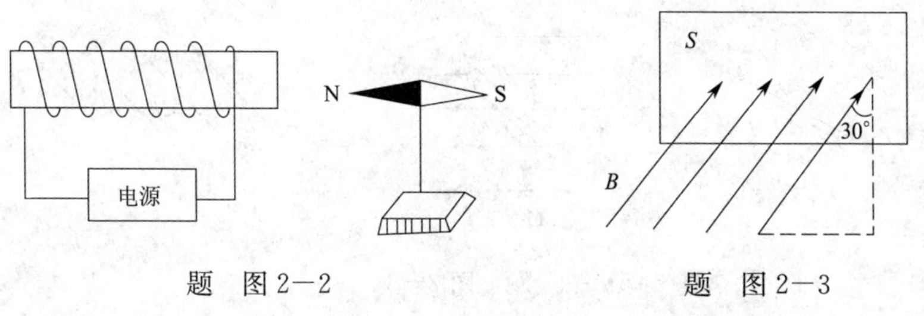

题　图2—2　　　　题　图2—3

9. 如题图 2—4 所示，欲使导体受安培力作用向上运动，应如何连接电池？

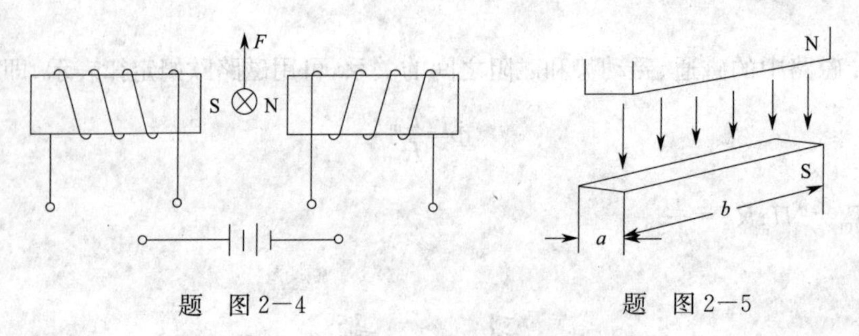

题　图 2—4　　　　题　图 2—5

10. 在题图 2—5 所示的均匀磁场中，穿过磁极面的磁通 $\Phi=0.2$ Wb，磁极边长 $a=5$ cm，$b=10$ cm，求磁极间的磁感应强度 B。

11. 在题图 2—6 中，已知磁场中载流导体的电流方向，求载流导体的受力方向。

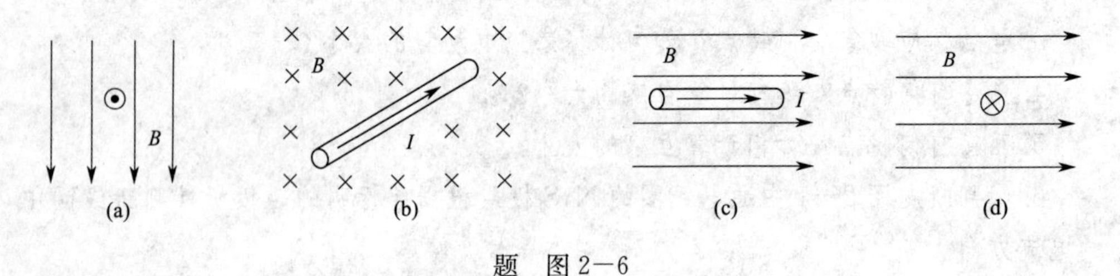

题　图 2—6

12. 在题图 2—7 中，已知磁场中载流导体受力的方向，求电流的方向。

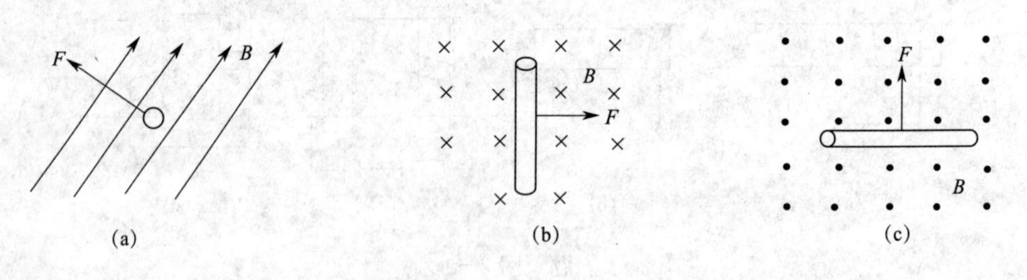

题　图 2—7

13. 在题图 2—8 中，已知 $B=0.1\ \mathrm{Wb/m^2}$，$L=1$ m，$I=10$ A，试确定各图中载流导体所受力的大小。

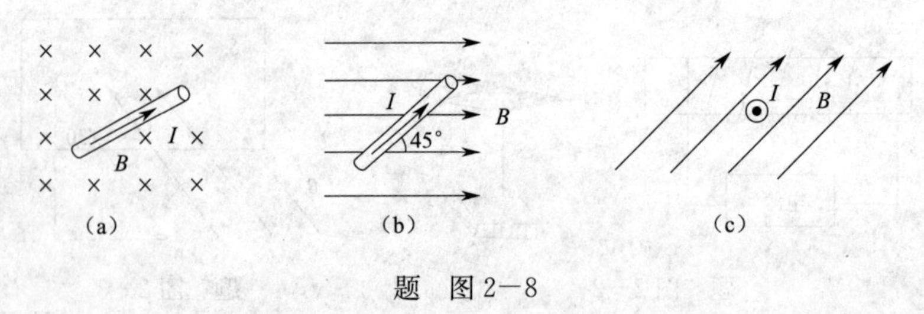

题　图 2—8

14. 根据楞次定律，应用右手定则，画出题图 2—9 中 a,b,c,d 图感应电流的方向。

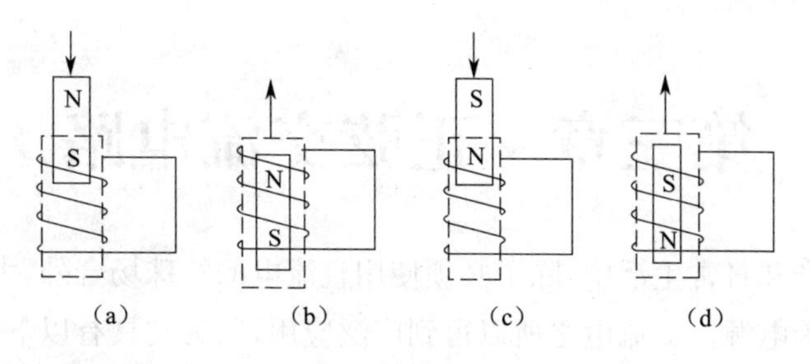

题 图2—9

15. 在题图 2—10 中，当开关 SA 合上以后，电路中的电流由零逐渐增大到 $I=E/R$，图中的 R 代表线圈的电阻。

(1)试画出合闸后一瞬间，线圈中自感电动势的方向；

(2)试画出开关 SA 断开一瞬间，线圈中自感电动势的方向；

(3)当 SA 闭合，线圈电流达到稳定值以后，线圈中的自感电动势有多大？

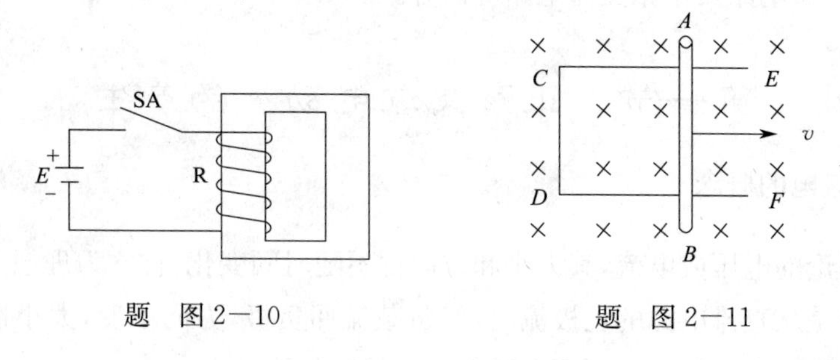

题 图2—10　　题 图2—11

16. 如题图 2—11 所示，在 $B=0.05$ T 的均匀磁场中，有一金属棒 AB 长为 1 m，在金属线 EC,DF 上滑动，$v=4$ m/s。试求回路中的感应电动势。若回路中的电阻 $R=0.2\ \Omega$，且恒定不变，求感应电流的大小和方向。此时金属棒 AB 受多大的电磁力？其方向如何？

第三章　正弦交流电路

工农业生产和日常生活中，除了必须使用直流电的特殊场合外，大部分电气设备都是以交流电为电源。交流电之所以得到广泛应用，因为它具有以下优点：

第一，可以利用变压器方便的升降电压，便于输送、分配和使用。

第二，交流电动机比同功率的直流电动机结构简单、成本低、便于维护。

第三，交流电可以方便的整流为直流电。

交流电路与前面所学的直流电路有相似指出，亦有不同之处，在本章学习时应特别注意交流电路的不同之处，两类电路的分析方法不可简单套用。

本章主要介绍单相正弦交流电的基本概念、交流电的表示方法、简单交流电路的计算方法、谐振电路及三相交流电路等内容。

第一节　正弦交流电动势的产生

一、交流电的概念

前边讨论的电压或电流，其大小和方向都不随时间变化，称之为理想直流电。理想直流电总是从直流电源的正极流出，经负载流回负极，方向不变，大小也不变。直流电源的正极“＋”和负极“－”不会随着时间的变化而变化。

交流电路中，电压或电流的大小和方向不断地随时间变化，交流电源的正极“＋”和负极“－”、交流电流的流向均随着时间的变化而不断地变化。

这种大小和方向随着时间变化而变化的电压或电流称为交流电。其中随时间按正弦规律变化的交流电称为正弦交流电；不按正弦规律变化的交流电称为非正弦交流电。如不做特别说明，本章所说的交流电均指正弦交流电。几种直流电和交流电的波形图参见图 3－1。

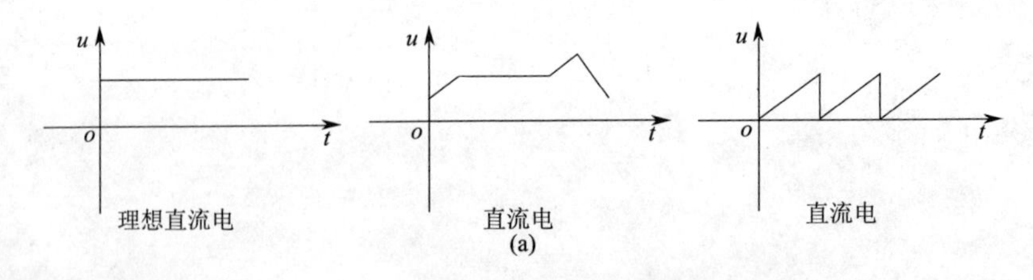

(a)

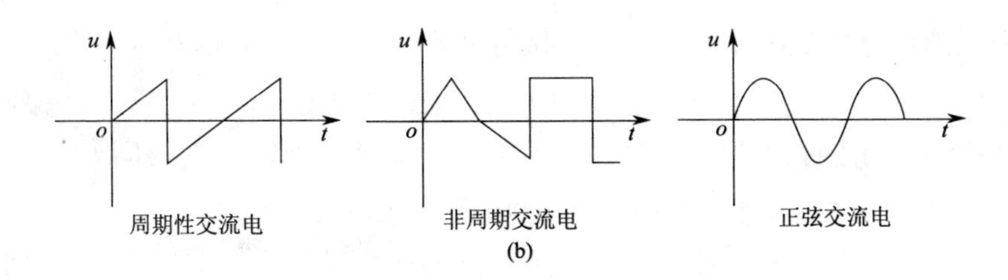

图 3－1 几种直流电与交流电的波形图

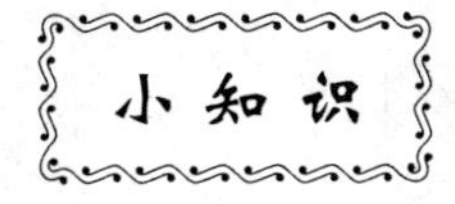

理想直流电：电压或电流的大小和方向都不随时间变化。

直流电：电压或电流的方向不随时间变化，但大小可以变化的直流电，这是一般意义上的直流电。

交流电：电压或电流的大小和方向均随时间在变化，有周期和非周期之分。

正弦交流电：大小和方向均按照正弦规律变化的电压或电流。

二、正弦交流电动势的产生

图 3－2(a)为交流发电机的原理图。它主要由一对能够产生磁场的磁极和能够产生感应电动势的线圈组成。转子线圈的两端分别与两只相互绝缘的滑环连接，滑环通过电刷与外电路连接。图 3－2(b)为交流发电机磁极与转子断面图，磁极与电枢之间的空气隙中的磁感应强度按照以下规律分布：(1)磁力线垂直于电枢表面；(2)磁感应强度 B 在电枢表面按正弦规律分布，如图 3－2(c)所示，电枢表面任一点的磁感应强度为

$$B=B_m\sin\alpha \qquad (3-1)$$

α 为线圈平面与中性面的夹角。当电枢按逆时针方向以速度 v 作匀速旋转时，线圈 a′b′边和 a″b″分别切割磁力线，产生感应电动势，如图 3－2(d)所示，其大小为：

$$e'=e''=B_m lv\sin\alpha \qquad (3-2)$$

根据右手定则，线圈 a′b′边和 a″b″中产生的感应电动势的方向始终相反，因此，整个线圈产生的总感应电动势为线圈 a′b′边和 a″b″感应电动势之和，即：

$$e=e'+e''=2B_m lv\sin\alpha \qquad (3-3)$$

令 $E_m=2B_m lv$，则

$$e=E_m\sin\alpha \qquad (3-4)$$

若线圈从中性面开始，以角速度 ω 做匀速运动，则 $m=\omega t$，式(3－4)可写成：

$$e=E_{\mathrm{m}}\sin\omega t \qquad (3-5)$$

若线圈从与中性面的角度夹角为 φ 的位置开始计时，那么经过时间 t 后，线圈平面与中性面的角度是 $\omega t+\varphi$，则感应电动势的数学表达式为：

$$e=E_{\mathrm{m}}\sin(\omega t+\varphi) \qquad (3-6)$$

由式(3－6)可见，交流发电机输出的交流电动势是按正弦规律变化的。

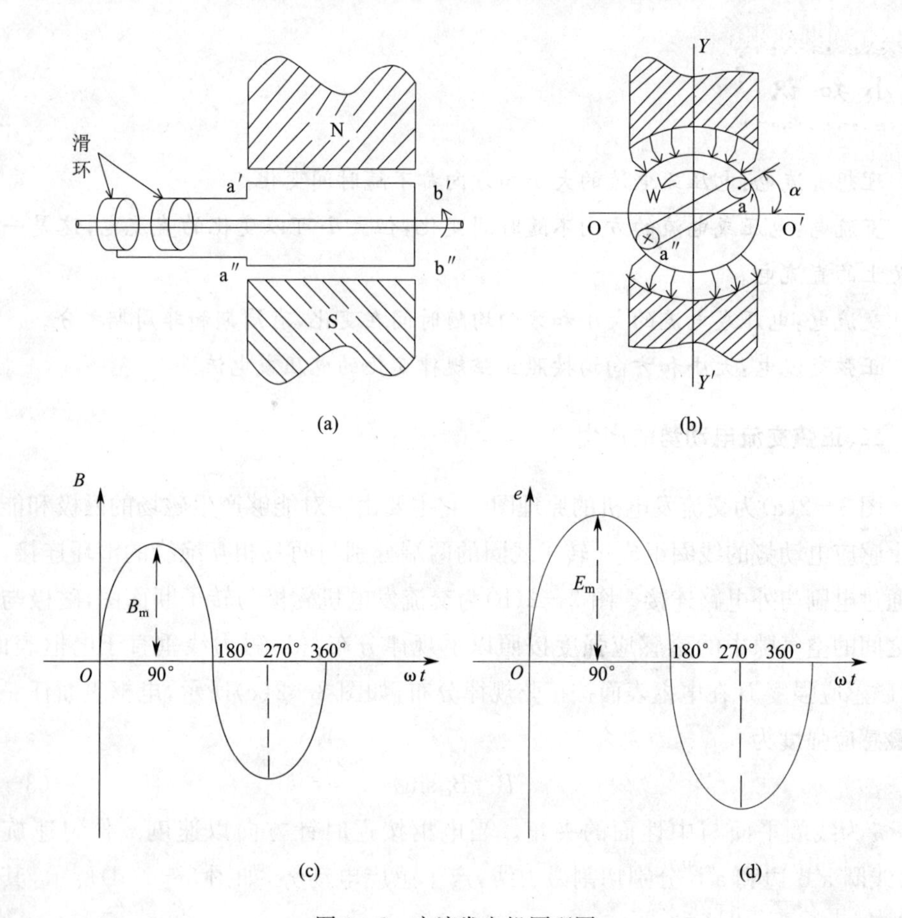

图 3－2　交流发电机原理图

第二节　正弦交流电的基本物理量

一、周期与频率

1. 周期

电工学中将交流电完成一次周期性变化所需的时间称为交流电的周期，用符号

T 表示，单位是秒(s)，如图 3—3 所示。

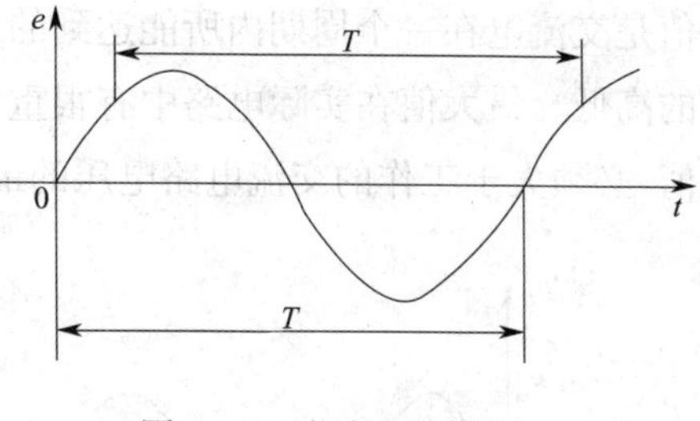

图 3—3　交流电的周期

2. 频率

交流电在 1 s 内完成周期性变化的次数叫做交流电的频率，用符号 f 表示，单位是赫兹(Hz)。

1 kHz$=10^3$ Hz　1 MHz$=10^6$ Hz

根据周期和频率的定义可以得出：

$$f=\frac{1}{T} \text{或} T=\frac{1}{f} \tag{3-7}$$

周期和频率都是反映交流电变化快慢的物理量，周期越短或者频率越高，那么交流电变化就越快。

小 知 识

在我国的电力系统中，动力和照明电路使用的交流电的频率为 50 Hz，习惯上称为工频，其周期为 0.02 s。

3. 角频率

交流电变化的快慢除了用周期和频率表示外，还可以用角频率表示。交流电每秒所变化的电角度，称为交流电的角频率，用 ω 表示，单位是弧度/秒(rad/s)。周期、频率和角频率的关系为：

$$\omega=\frac{2\pi}{T}=2\pi f \tag{3-8}$$

二、瞬时值和最大值

1. 瞬时值

交流电在某一时刻的值称为这一时刻交流电的瞬时值。电动势、电压和电流的瞬时值分别用小写字母 e、u 和 i 表示。例如，图 3—4(a)中 e 在 t_1 时刻的瞬时值为 E_m，t_2 时刻的瞬时值为 0。图 3—4(a)也可画成图 3—4(b)的形式。

2. 最大值

最大的瞬时值称为最大值，也称为幅值或峰值。电动势、电压和电流的最大值分别用符号 E_m、U_m 和 I_m 表示。在波形图中，曲线的最高点对应的值即为最大值。例如在图 3—4 中 t_1 时刻和相位为 $\pi/2$ 时均对应电动势 e 的最大值 E_m。交流电的最大值是交流电在一个周期内所能达到的最大值，可用来表示交流电电流的大小和电压的高低。最大值在实际电路中有很重要的实际意义，如交流电路中的电容器的耐压值，必须大于工作的交流电路电压的最大值。

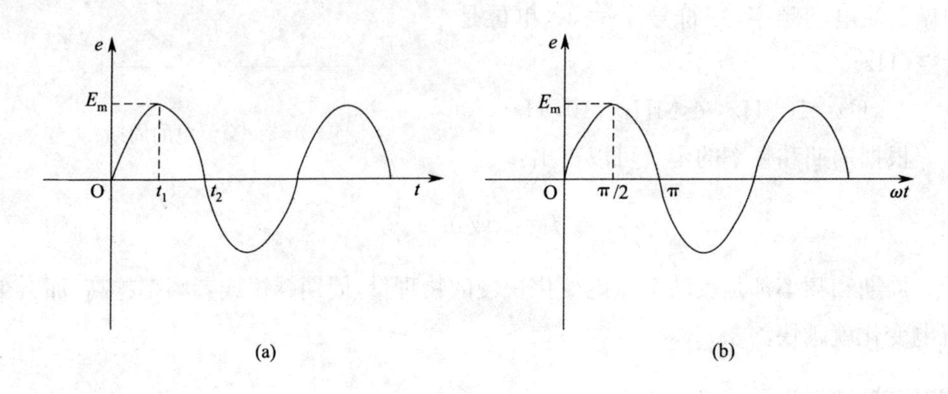

图 3-4　电动势波形图

三、有效值和平均值

1. 有效值

交流电的有效值是根据电流的热效应来定义的，规定如下：交流电和直流电分别通过阻值相同的电阻，如果在相同时间内产生的热量相等，则这一直流电的数值称为该交流电的有效值。交流电动势、电压和电流的有效值分别用大写字母 E、U 和 I 表示。交流电路有效值与最大值的数量关系如式(3-9)所示。

$$\begin{cases} E=\dfrac{E_m}{\sqrt{2}}=\dfrac{\sqrt{2}}{2}E_m=0.707E_m \\ U=\dfrac{U_m}{\sqrt{2}}=\dfrac{\sqrt{2}}{2}U_m=0.707U_m \\ I=\dfrac{I_m}{\sqrt{2}}=\dfrac{\sqrt{2}}{2}I_m=0.707I_m \end{cases} \tag{3-9}$$

在没有做特别声明的情况下，所提到的电动势、电压和电流都是指有效值。如照明电路中常用的电源电压为 220 V，动力电源电压为 380 V，都指的是有效值。

2. 平均值

正弦交流电的波形是中心对称的，一个周期内的平均值恒等于零，所以对正弦交流电而言，所说的平均值是指半个周期内的平均值。根据分析计算，正弦交流电动势、电压和电流在半个周期内的平均值如式(3-10)所示。

$$\begin{cases}E_{av}=0.637E_m\\U_{av}=0.637U_m\\I_{av}=0.637I_m\end{cases}\tag{3-10}$$

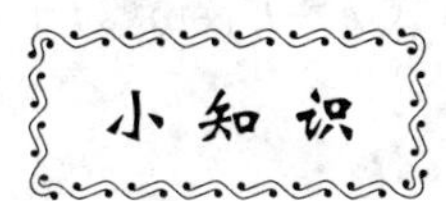

物理量的平均值按如下方法计算：计算物理量的曲线与横轴所围成的图形的面积(期中位于横轴上方的图形面积为正，位于横轴下方的图形面积为负)，求面积的代数和，代数和再除以计算的图形横跨的横轴的长度，即可得到该物理量的平均值。

四、相位和相位差

1.相位

由感应电动势的数学表达式(3－6)可知，电动势的瞬时值 $e=E_m\sin(\omega t+\varphi)$，电工学中把 t 时刻线圈平面与中性面的夹角$(\omega t+\varphi)$称之为正弦交流电的相位或相角。$t=0$ 时 $\omega t+\varphi=\varphi$，φ 称之为正弦交流电的初相位，简称初相。

初相可以为正、为负或者 0。一般用弧度表示，也可用角度表示。用角度表示时，初相的取值应满足 $-180°\leqslant\varphi\leqslant180°$。

2.相位差

两个同频率的交流电的相位之差称为相位差。设 $e_1=E_{m1}\sin(\omega t+\varphi_1)$，$e_2=E_{m2}\sin(\omega t+\varphi_2)$，则其相位之差为：

$$\Delta\varphi=(\omega t+\varphi_1)-(\omega t+\varphi_2)=\varphi_1-\varphi_2\tag{3-11}$$

可见两个同频率的交流电的相位差等于它们的初相之差。初相的大小与时间起点的选择有关，而相位差与时间点的选择无关。只有相同频率的两个正弦量才有相位差，不同频率的正弦量之间没有相位差可言。

根据两个同频率的正弦量相位差的大小关系，可以将两个正弦量之间的相位关系分为超前、滞后、同向、反向、正交五种：

当两个同频率的正弦量的相位差 $\varphi=\varphi_1-\varphi_2>0$ 时，称 e_1 超前于 e_2 φ 角度。

当两个同频率的正弦量的相位差 $\varphi=\varphi_1-\varphi_2>0$ 时，称 e_2 滞后于 e_1 φ 角度。

当两个同频率的正弦量的相位差 $\varphi=\varphi_1-\varphi_2=0$ 时，称 e_1 与 e_2 同向。

当两个同频率的正弦量的相位差 $\varphi=\varphi_1-\varphi_2=180°$时，称 e_1 与 e_2 反向。

当两个同频率的正弦量的相位差 $\varphi=\varphi_1-\varphi_2=90°$时，称 e_1 与 e_2 正交。

五、交流电的三要素

电工学中将交流电的有效值、角频率和初相称之为正弦交流电的三要素。其中有效值也可以用最大值来代替；角频率也可以用频率来代替。由式 $e=E_m\sin(\omega t+\varphi_1)$可以从中读出最大值为 E_m，角频率为 ω，初相为 φ_1。

例 3－1 已知正弦交流电压 $u=311\sin(314t+60°)$V，试求：

(1)最大值和有效值；

(2)角频率、频率和周期；

(3)相位和初相；

(4)$t=0$ s 和 $t=0.01$ s 时电压的瞬时值。

解：(1)最大值 $U_m=311$ V

有效值 $U=\dfrac{U_m}{\sqrt{2}}=\dfrac{311}{\sqrt{2}}=220(\text{V})$

(2)角频率 $\omega=314$ rad/s

频率 $f=\dfrac{\omega}{2\pi}=\dfrac{314}{2\pi}=50(\text{Hz})$

周期 $T=\dfrac{1}{f}=\dfrac{1}{50}=0.02(\text{s})$

(3)相位 $\beta=314t+60°$

初相 $\varphi=60°$

(4)$t=0$ s 时 $u=311\sin60°=269(\text{V})$

$t=0.01$ s 时 $u=311\sin(314\times0.01+60°)=277(\text{V})$

例 3－2 设有两个相同频率的正弦电压：

$$u_1=100\sin(314t+90°)\text{V}$$

$$u_2=220\sqrt{2}\sin(314t-175°)\text{V}$$

问哪一个电压超前？超前的角度是多少？

解：相位差 $\varphi=\varphi_1-\varphi_2=90°-(-175°)=265°$。根据同频正弦量相位关系的定义可知，电压 u_1 超前于电压 u_2，u_1 超前于 u_2 265°。

例 3－3 已知某正弦交流电压的有效值为 100 V，频率为 50 Hz，初相为 60°，试写出该交流电压的瞬时数学表达式。

解：由已知条件得交流电的三要素 $U=100$ V，$f=50$ Hz，$\varphi=60°$，则 $\omega=2\pi f=100\pi\text{rad/s}$，$U_m=100\sqrt{2}$ V，$u=100\sqrt{2}\sin(100\pi t+60°)$V。

第三节　正弦交流电的表示法

为了便于研究交流电，电工学中采用了四种形式表示正弦交流电。第一种是数学解析式，这种方法在上一节已经详细的讨论过。第二种形式是曲线图，也就是所说的波形图，该方法较为直观，但是作图比较麻烦。在分析和计算正弦交流电路时，常会遇到对同频率正弦量进行加、减运算，第一种和第二种形式不变运算，于是出现了第三种和第四种方法。第三种形式是矢量图，即用旋转矢量来表示。第四种形式称为符号法，用复数来表示。本节重点介绍矢量图法和复数法。

一、旋转矢量表示法

所谓旋转矢量表示法，就是用一个在直角坐标系中绕原点不断旋转的矢量来表示正弦交流电的方法，矢量法又称之为相量法。相量图表示法原理图如图 3－5 所示。旋转矢量通常用加一上画点的最大值符号来表示，电动势、电压和电流依次表示为$\dot{E}_{\mathrm{m}}$、$\dot{U}_{\mathrm{m}}$和$\dot{I}_{\mathrm{m}}$。

用旋转矢量表达正弦量之前先做如下约定：

1. 旋转矢量的长度代表正弦量的最大值或有效值；

2. 旋转矢量与 x 轴正向夹角代表正弦量的初相；

3. 旋转矢量以角频率 ω 随时间 t 逆时针旋转，任一瞬间，旋转矢量在 y 轴上的投影就是该正弦量的瞬时值。

如图 3－5 所示 A 点为旋转矢量的起始点，A 点在纵轴上的投影为 a 点；旋转矢量以角频率 ω 逆时针经过 t_1 时间后，旋转矢量旋转到 B 点，B 点在纵轴上的投影为 b 点。旋转矢量绕原点绕行一周便可以得到完整的一个周期的正弦波波形。

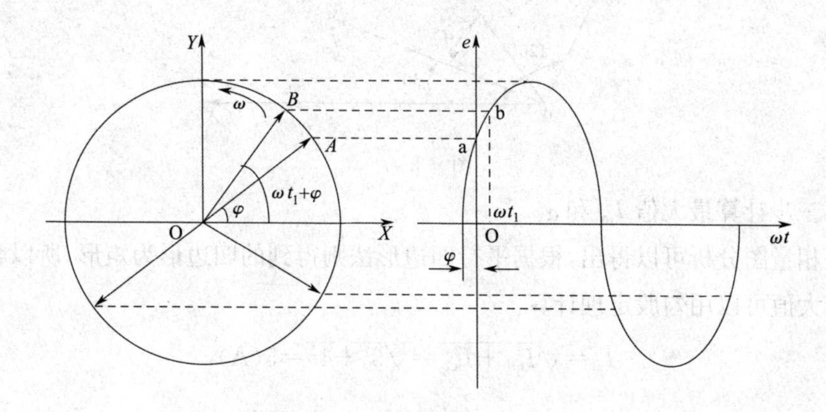

图 3－5　相量图表示法原理图

从以上分析可以看出，正弦量可以用一个旋转矢量来表示，但应当注意的是交流电本身并不是矢量。电工学中把表示正弦交流电的矢量称为相量。

用相量表示正弦交流电以后，同频率的交流电压、电动势和电流之间的加、减运算就可以按平行四边形法则进行运算。一般步骤是先画出各矢量，然后用平行四边形法则作出总矢量，然后用三角函数计算出结果。

例 3－4 已知三个正弦量为

$$\begin{cases} e=30\sin(\omega t+60^\circ) \\ u=60\sin(\omega t-30^\circ) \\ i=50\sin(\omega t-30^\circ) \end{cases}$$

画出它们的相量图。

解：由上式可以得出如下主要数据：

$E_m=30\ V, \varphi_e=60^\circ$

$U_m=60\ V, \varphi_u=-30^\circ$

$I_m=50\ V, \varphi_i=-30^\circ$

先画出基准相量 OX，然后再以 OX 为基准，根据上面得出的数据做相量图如图 3－6 所示。

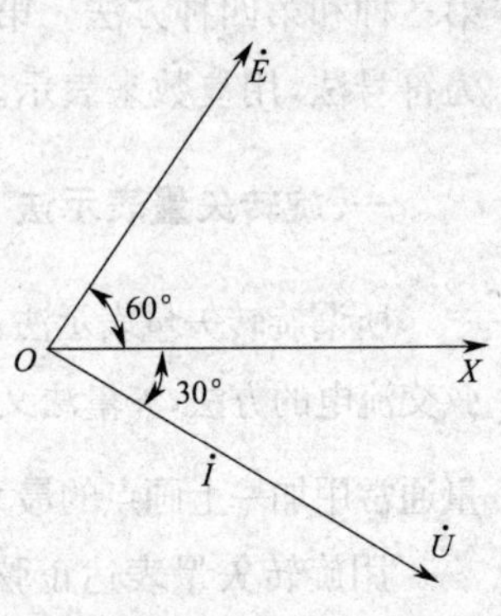

图 3－6

例 3－5 已知 $i_1=3\sin(\omega t+120^\circ)A, i_2=4\sin(\omega t+30^\circ)A$，求 i_1+i_2。

解：第一步先写出 $I_{m1}=3\ A, \varphi_{i1}=120^\circ, I_{m2}=4\ A, \varphi_{i2}=30^\circ, \varphi=\varphi_{i1}-\varphi_{i2}=120^\circ-30^\circ$

第二步画相量图（图 3－7）。

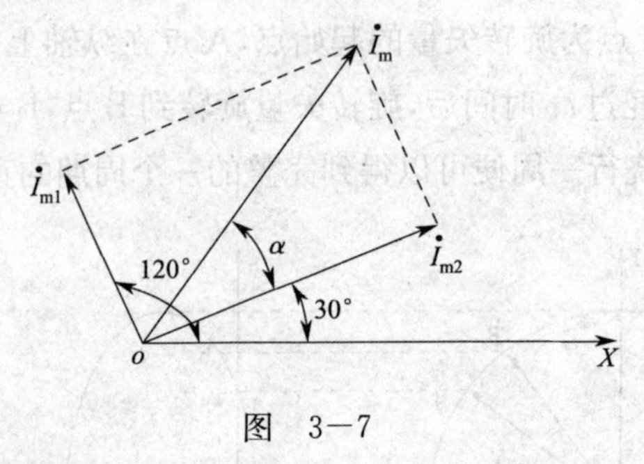

图 3－7

第三步计算最大值 I_m 和 α。

由相量图分析可以得出，根据平行四边形法则得到的四边形为矩形，所以合成电流的最大值可以用勾股定理计算。

$$I_m=\sqrt{I_{m1}^2+I_{m2}^2}=\sqrt{3^2+4^2}=5(A)$$

$$\alpha=\arctan\frac{I_{m1}}{I_{m2}}=\arctan\frac{3}{4}=37^\circ$$

所以合成相量的初相为 $\varphi=\alpha+30°=37°+30°=67°$

合成电流为 $i=i_1+i_2=5\sin(\omega t+67°)$(A)

二、符号法

用复数表示正弦量的复数计算法,称为符号法。

以正弦电流为例,设正弦电流的瞬时值表达式为:

$$i=\sqrt{2}I\sin(\omega t+\varphi)$$

则其相应的复数表达式为:

$$\dot{I}=Ie^{j\varphi}=I\angle\varphi$$

其中 I 对应电流的有效值,φ 对应电流的初相。对于正弦电动势和正弦电流均可以写成如上所示的复数形式。该方法涉及较多的复数知识,作一般了解。

例 3—6 若电压为 $u=380\sin(314t+60°)$,写成它的复数表达式。

解:

$$U=\frac{1}{\sqrt{2}}U_m=\frac{380}{\sqrt{2}}=220\ \text{V},\varphi=60°$$

所以,$\dot{U}=220e^{j60°}$

应当指出的是,正弦量虽然可以用一个对应的复数式来表示,但是两者的概念不同。复数本身不是正弦量,他们之间只有对应关系,不能相等;在周期性交变量中,只有正弦量才能用复数表示。

第四节　纯电阻正弦交流电路

纯电阻正弦交流电路指的是电路中既没有电感又没有电容,只有线性电阻的电路。日常生活中常见的白炽灯、电烙铁、电阻炉都可近似的认为是纯电阻电路。

一、电流与电压的关系

纯电阻电路图如图 3—8(a)所示,设电阻两端的正弦电压 u_R 的初相为零,则:

$$u_R=U_{Rm}\sin\omega t$$

实验表明,对线性电阻来说,交流电流、交流电压与阻值之间仍然符合欧姆定律。在选择电流方向与电压极性关联参考的情况下,可以得到:

$$i=\frac{u_R}{R}=\frac{U_{Rm}\sin\omega t}{R}=\frac{U_{Rm}}{R}\sin\omega t=I_m\sin\omega t \qquad (3-12)$$

由式(3－12)可知，纯电阻电路中，电流 i 与电压 u_R 是同频率、同相位的正弦量。电压与电流的相量图如图 3－8(b)所示。

$$I_{\mathrm{m}}=\frac{U_{\mathrm{Rm}}}{R} \tag{3-13}$$

将式(3－13)两边同除以$\sqrt{2}$得：

$$I=\frac{U_{\mathrm{R}}}{R}\text{或}U_{\mathrm{R}}=IR \tag{3-14}$$

所以，在纯电阻正弦交流电路中瞬时值、最大值及有效值均符合欧姆定律。

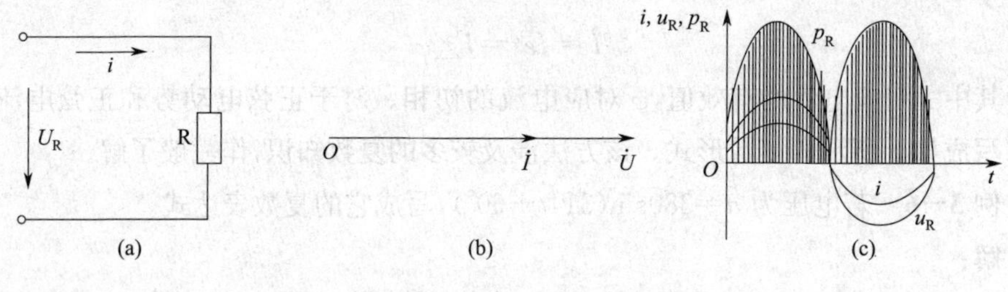

图 3－8　纯电阻电路

二、电路的功率

在纯电阻正弦交流电路中，电流的瞬时值 i 与电压的瞬时值 u_R 的乘积叫做瞬时功率，亦即：$p_R=iu_R$。瞬时功率的曲线如图 3－8(c)阴影部分所示。

由于在纯电阻电路中电流 i 与电压 u_{R} 同相位，所以 p_{R} 的值在任一时刻的值都大于等于 0。这也表明纯电阻负载除电压与电流同为 0 的瞬间之外，电阻负载总是在消耗电源的电能。

瞬时功率的计算和测量比较麻烦，一般只用于分析能量的转换过程。为了反映电阻消耗功率的大小，电工学中通常采用一个周期内功率的平均值，即平均功率或有功功率来表示实际消耗的功率。平均功率(也叫有功功率)用大写字母 P 表示，单位是瓦特，简称瓦，用 W 表示。

纯电阻正弦电路的瞬时功率为：

$$\begin{aligned} p &=u_{\mathrm{R}}i=U_{\mathrm{Rm}}\sin\omega t I_{\mathrm{m}}\sin\omega t=U_{\mathrm{Rm}}I_{\mathrm{m}}\sin^2\omega t=\frac{1}{2}U_{\mathrm{Rm}}I_{\mathrm{m}}(1-\cos 2\omega t) \\ &=U_{\mathrm{R}}I(1-\cos 2\omega t) \end{aligned} \tag{3-15}$$

由式(3－15)可以看出，第一项 $U_{\mathrm{R}}I$ 不随时间变化，第二项含有余弦函数，所以纯电阻正弦电路的瞬时功率的平均值为：

$$P=U_{\mathrm{R}}I\text{ 或 }R=\frac{U^2}{P} \tag{3-16}$$

例 3—7 一把 220 V,75 W 电阻炉,接在 220 V 的交流电源上,求电阻炉的电阻和通过的电流有效值。若将此电阻炉接在 110 V 的交流电源上,则它消耗的功率为多少?

解:电源电压为 220 V 时,通过电阻炉的电流有效值为:

$$I=\frac{P}{U}=\frac{75}{220}=0.341(\text{A})$$

电阻炉的电阻为:

$$R=\frac{U^2}{P}=\frac{220^2}{75}=645(\Omega)$$

当电源电压变为 110 V 时,电烙铁消耗的功率为:

$$P=\frac{U^2}{R}=\frac{110^2}{645}=18.8(\text{W})$$

由此可见,纯电阻电路电压减半后,电阻负载消耗的功率不是减半而是减为原来的 1/4,这是由于功率与电压的平方成正比。

第五节　纯电感正弦交流电路

在正弦交流电路中,如果只用电感线圈做负载,忽略线圈的电阻和分布电容,则这样的电路称之为纯电感正弦交流电路。纯电感电路如图 3—9(a)所示。日常生活中常见的变压器绕组、三相交流电动机电枢绕组均可以近似的认为是纯电感电路。

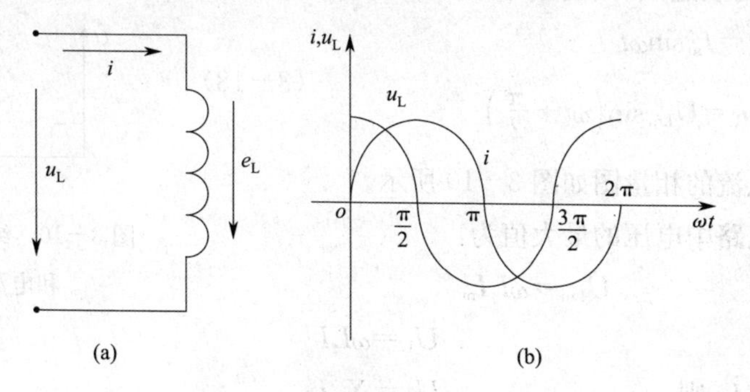

图 3—9　纯电感电路和波形图

一、电流与电压的关系

在线圈两端加上交流电压 u_L,线圈中必定要产生交流电流 i。这一交变电流将在线圈中产生感应电动势,其大小为:

$$e_L=-L\frac{\Delta i}{\Delta t}$$

则线圈两端的电压为：

$$u_L = -e_L = L\frac{\Delta i}{\Delta t} \tag{3-17}$$

设通过线圈的电流为： $i = I_m \sin\omega t$

电流波形如图 3－9(a)所示，现把一个周期电流分为四个阶段来讨论：

在 $0 \sim \frac{\pi}{2}$ 内，电流从零增加到最大值。电流变化率$\frac{\Delta i}{\Delta t}$为正值并且开始时刻最大，随后逐渐减小到 0，电压 u_L 也从最大正值逐渐减小到 0。

在$\frac{\pi}{2} \sim \pi$ 内，电流从正的最大减小到 0。电流变化率$\frac{\Delta i}{\Delta t}$为负值，并且从 0 变到最大负值，$u_L$ 也从 0 变到最大负值。

在 $\pi \sim \frac{3}{2}\pi$ 内，电流从 0 变化到最大负值，电流变化率$\frac{\Delta i}{\Delta t}$仍为负值，且从最大负值变化到 0，$u_L$ 从最大负值变化到 0。

在$\frac{3}{2}\pi \sim 2\pi$ 内，电流从最大负值变到 0，电流变化率$\frac{\Delta i}{\Delta t}$为正值，且从 0 变到最大正值，$u_L$ 从最大负值变化到 0。

根据以上四段的分析可以得出如下结论：在纯电感电路中，电感两端的电压超前于电流 90°，或者说电流滞后于电压 90°。设流过电感的正弦电流的初相位 0，则电压、电流的瞬时表达式可以表示为：

$$\begin{cases} i = I_m \sin\omega t \\ u_L = U_{Lm}\sin\left(\omega t + \frac{\pi}{2}\right) \end{cases} \tag{3-18}$$

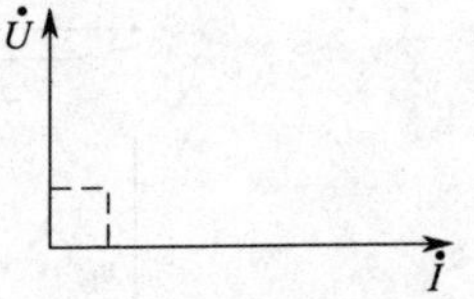

电压与电流的相量图如图 3－10 所示。

图 3－10　纯电感电路电压和电流相量图

纯电感电路中电压的最大值为：

$$U_{Lm} = \omega L I_m$$

则：

$$U_L = \omega L I \tag{3-19}$$

令 $X_L = \omega L$，则

$$U_L = X_L I \tag{3-20}$$

由式(3－20)得出，纯电感电路中，电流与电压的有效值之间满足欧姆定律。X_L 称为电感的电抗，简称感抗。感抗的单位为欧姆(Ω)。

$$X_L = \omega L = 2\pi f L \tag{3-21}$$

由式(3－21)得出，感抗与频率 f 和自感系数 L 都有关系。当自感系数 L 一定时，频率 f 越高，感抗 X_L 越大。可见高频电流不易通过电感线圈，但对频率为 0 的直流电来说，电感线圈相对于短路。因此，电感线圈有“隔交通直”的性质。

二、电路的功率

1. 瞬时功率

纯电感正弦交流电路中的瞬时功率等于电流瞬时值与电压瞬时值的乘积，即：

$$p=u_{L}i=U_{Lm}\sin\left(\omega t+\frac{\pi}{2}\right)\times I_{m}\sin\omega t=U_{Lm}I_{m}\sin\omega t\times\cos\omega t$$

$$=\frac{1}{2}U_{Lm}I_{m}\sin2\omega t=U_{L}I\sin2\omega t$$

所以电感元件的瞬时功率也是按正弦规律在变化，但是其变化频率为电流频率的 2 倍，平均功率为 0，即纯电感元件在交流电路中不消耗有功功率。

2. 无功功率

电感线圈不消耗电源的有功功率，但电感元件与电源之间在不断地进行周期性的能量交换，也就是电感线圈在不断地进行电能和磁场能量之间的变换。为了反映电感元件与电源之间能量交换的规模，电工学中把瞬时功率的最大值称为电感元件的无功功率，用符号 Q_{L} 表示，数学表达式为：

$$Q_{L}=U_{L}I=I^{2}X_{L}=\frac{U_{L}^{2}}{X_{L}} \tag{3-22}$$

无功功率的单位为乏，符号式 var。“无功”的含义是“交换”而不是消耗，是相对“有功”而言的，不能理解为“无用”。

例 3—8 一个 10 mH 的电感线圈，接在 $u=40\sqrt{2}\sin(10^{6}t+30°)$ V 的电源上，试写出电流的瞬时表达式，画出电流、电压的相量图，求电路的无功功率。

解： $X_{L}=\omega L=10^{6}\times10\times10^{-3}=10^{4}(\Omega)$

$$I=\frac{U}{X_{L}}=\frac{40}{10^{4}}=4\text{ mA}$$

$$i=4\sqrt{2}\sin(10^{6}t+30°-90°)=4\sqrt{2}\sin(10^{6}t-60°)(\text{mA})$$

$$Q_{L}=\frac{U^{2}}{X_{L}}=\frac{40^{2}}{10^{4}}=0.16(\text{var})$$

电流、电压相量图如图 3—11 所示。

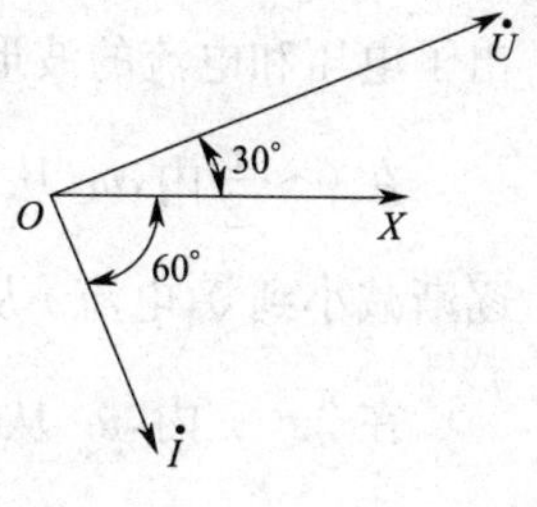

图 3—11

第六节 纯电容正弦交流电路

在正弦交流电路中，如果只用电容器做负载，而且电容器的绝缘电阻很大，忽略电容器的介质损耗和分布电感，则这样的电路称之为纯电容正弦交流电路。纯电容电路如图 3—12(a)所示。日常生活中常见的负载仅为蓄电池的交流电路可近似认为是纯电容电路。

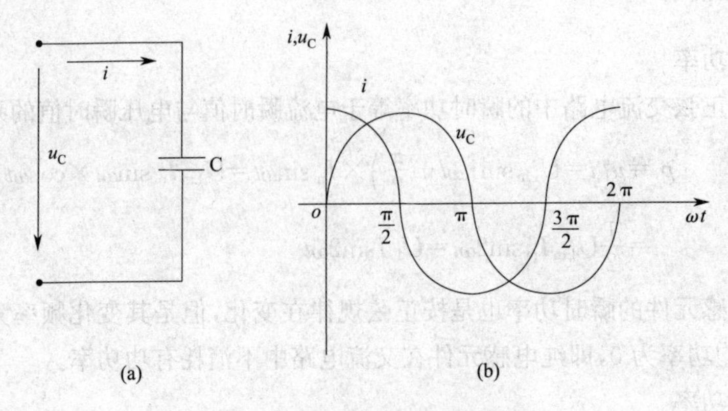

图 3－12　纯电容电路和波形图

一、电流与电压的关系

直流电不能通过电容器，但是当电容器接入交流电路时，由于外加电压不断变化，电容器就在不断地充放电，电路中也就有了电流，好似交流电"通过"了电容器。电容器两端的电压随着电容器的充电而升高，随着电容器的放电而降低。由于电容器中电荷的积累和释放需要一定的时间，因此电容器两端的电压变化总是滞后于电流的变化。

设在 Δt 时间内电容器极板上的电荷变化量为 ΔQ，则：

$$i=\frac{\Delta Q}{\Delta t}=\frac{C\Delta u_C}{\Delta t}=C\frac{\Delta u_C}{\Delta t} \tag{3－23}$$

所以，流过电容器的电流与电容器两端电压的变化率成正比。图 3－12(b)中画出了电压和电流的波形图。现将一个周期的电流分为四段来讨论。

在 $0\sim\frac{\pi}{2}$ 内，u_C 从 0 增加到最大值，电压变化率 $\frac{\Delta u_C}{\Delta t}$ 为正值并开始时最大，然后逐渐减小到 0，电流 i 从最大值逐渐变为 0。

在 $\frac{\pi}{2}\sim\pi$ 内，u_C 从最大值减小到 0，电压变化率 $\frac{\Delta u_C}{\Delta t}$ 为负值并从零变到最大负值，电流 i 从 0 变到最大负值。

在 $\pi\sim\frac{3}{2}\pi$ 内，u_C 从 0 变到最大负值，电压变化率 $\frac{\Delta u_C}{\Delta t}$ 从最大负值变到 0，电流 i 从最大负值变为 0。

在 $\frac{3}{2}\pi\sim2\pi$ 内，u_C 从 0 变到最大负值，电压变化率 $\frac{\Delta u_C}{\Delta t}$ 从 0 变到最大正值，电流 i 从 0 变到最大正值。

由以上分析可以得出：纯电容电路中的电流超前于电压 90°。纯电容电路中电压和电流的相位关系如图 3—13 所示。

设加在电容器两端的交流电压的初相位 0，则电压、电流的瞬时值表达式为：

$$\begin{cases} u_C = U_{Cm}\sin\omega t \\ i = I_m \sin\left(\omega t + \dfrac{\pi}{2}\right) \end{cases} \tag{3—24}$$

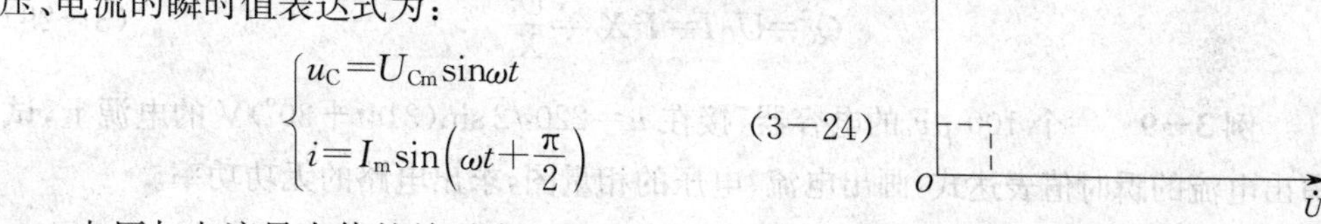

图 3—13　纯电容电路电压和电流相量图

电压与电流最大值的关系为：

$$I_m = \omega C U_{Cm} = \frac{U_{Cm}}{\dfrac{1}{\omega C}} \tag{3—25}$$

有效值之间的关系为：

$$I = \omega C U_C = \frac{U_C}{\dfrac{1}{\omega C}} = \omega C U_C \tag{3—26}$$

令 $X_C = \dfrac{1}{\omega C}$，则 $I = \dfrac{U_C}{X_C}$。因此，在纯电容正弦交流电路中，电流与电压的最大值和有效值之间均符合欧姆定律。X_C 称为电容器的电抗，简称容抗，容抗的单位为欧姆(Ω)。

$$X_C = \frac{1}{\omega C} = \frac{1}{2\pi f C} \tag{3—27}$$

由式(3—27)得出，容抗 X_C 与频率 f 和电容值 C 均有关系。当频率 f 一定时，电容越大，容抗 X_C 就越小，电容越小，容抗 X_C 就越大；当电容 C 一定时，频率越高，容抗越小，频率越低，容抗越大。因此，高频电流容易通过电容元件，对频率为 0 的直流电来说，电容相对于开路。因此，电容器有“隔直通交”的性质。

二、电路的功率

1. 瞬时功率

纯电容电路的瞬时功率：

$$p = u_C i = U_{Cm}\sin\omega t \times I_m \sin\left(\omega t + \frac{\pi}{2}\right) \tag{3—28}$$

$$= U_{Cm} I_m \sin\omega t \cos\omega t = U_C I \sin 2\omega t$$

由式(3—28)可以看出，电容元件的瞬时功率是一个 2 倍于电流频率变化的正弦函数。因此，电容元件的平均功率为零，纯电感元件在交流电路中不消耗有功功率。

2. 无功功率

电容元件不消耗电源的有功功率，但电容元件与电源之间在不断地进行周期性的能量交换，也就是电容元件在不断地进行电能和电场能之间的变换。为了反映电容元件与电源之间能量交换的规模，电工学中把瞬时功率的最大值称为电容元件的无功功率，用 Q_C 表示，单位为乏，用符号 var 表示。

$$Q_C=U_C I=I^2 X_C=\frac{U_C^2}{X_C} \tag{3—29}$$

例 3—9 一个 100 μF 的电容器，接在 $u=220\sqrt{2}\sin(314t+30°)$ V 的电源上，试写出电流的瞬时值表达式，画出电流、电压的相量图，求出电路的无功功率。

解：

$$X_C=\frac{1}{\omega C}=\frac{1}{314\times100\times10^{-6}}=31.8(\Omega)$$

$$I=\frac{U}{X_C}=\frac{220}{31.8}=6.92(\text{A})$$

$$i=\sqrt{2}I\sin(314t+30°+90°)=6.92\sqrt{2}\sin(314t+120°)(\text{A})$$

$$Q_C=UI=220\times6.92=1\,520(\text{var})$$

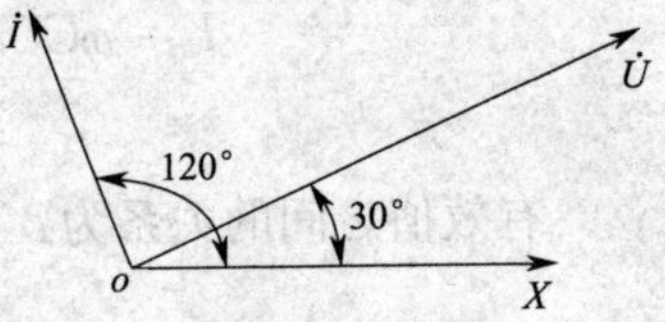

电流、电压相量图如图 3－14 所示。

图 3－14

第七节 RLC 串联电路

电阻、电感和电容组成的串联电路，称为 RLC 串联电路，如图 3－15 所示。

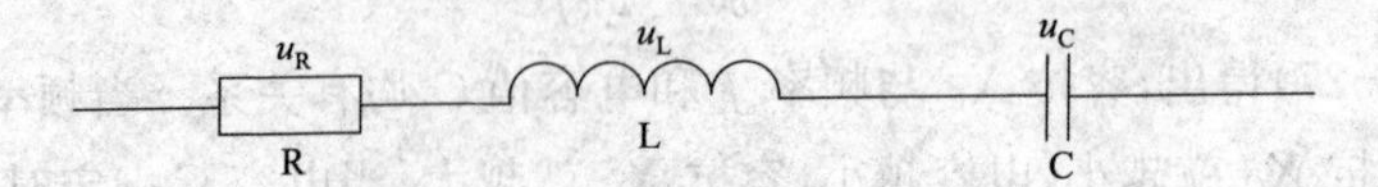

图 3－15 RLC 串联电路

设图 3－15 中流过的正弦交流电流为：

$$i=\sqrt{2}I\sin\omega t$$

则电阻电压 u_R、电感电压 u_L 和电容电压 u_C 均是与电流同频率的正弦量，瞬时值数学表达式分别如下：

$$u_R=\sqrt{2}IR\sin\omega t$$

$$u_L=\sqrt{2}IX_L\sin\left(\omega t+\frac{\pi}{2}\right)$$

$$u_C=\sqrt{2}IX_C\sin\left(\omega t-\frac{\pi}{2}\right)$$

RLC 串联电路总电压是与电流同频率的正弦量，瞬时值表达式为：

$$u=u_R+u_L+u_C \tag{3—30}$$

对应的相量关系为：

$$\dot{U}=\dot{U}_R+\dot{U}_L+\dot{U}_C \tag{3—31}$$

小 知 识

交流电路中，电动势、电压和电流只有相量和瞬时值满足加法运算，最大值和有效值不满足加法运算。

一、电压与电流的关系

RLC 串联电路电路图如图 3－16(a)所示。令串联电路电流初相位 0，以电流为基准相量，作电路中电流和各电压的相量图，如图 3－16(b)所示。此时假设 $U_{\mathrm{L}}>U_{\mathrm{C}}$ 即 $X_{\mathrm{L}}>X_{\mathrm{C}}$，由相量图可以看出，电感上电压和电容上电压相位相反，把这两个电压之和称为电抗电压，用 u_{X} 表示：

$$u_{\mathrm{X}}=u_{\mathrm{L}}+u_{\mathrm{C}}$$

相量形式为：

$$\dot{U}_{\mathrm{X}}=\dot{U}_{\mathrm{L}}+\dot{U}_{\mathrm{C}}$$

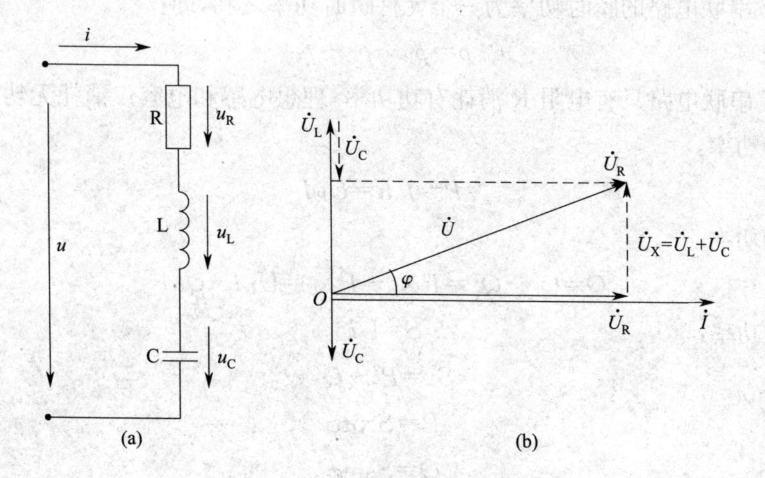

图 3－16　RLC 串联电路和相量图

由相量图可以求出：$\dot{U}=\dot{U}_R+\dot{U}_L+\dot{U}_C=\dot{U}_R+\dot{U}_X$

以 3－23(b)相量图为例，总电压 U 的有效值为：

$$\begin{aligned}U&=\sqrt{U_{\mathrm{R}}^2+(U_{\mathrm{L}}-U_{\mathrm{C}})^2}=\sqrt{(IR)^2+(IX_{\mathrm{L}}-IX_{\mathrm{C}})^2}\\&=I\sqrt{R^2+(X_{\mathrm{L}}-X_{\mathrm{C}})^2}\end{aligned}\qquad(3-32)$$

令串联电路总阻抗 $X=\dfrac{U}{I}$，则：

$$X=\frac{U}{I}=\sqrt{R^2+(X_{\mathrm{L}}-X_{\mathrm{C}})^2}\qquad(3-33)$$

电路的阻抗角为：

$$\varphi=\arctan\frac{U_L-U_C}{U_R}=\arctan\frac{X_L-X_C}{R} \tag{3-34}$$

由式(3－34)可知，总电压与电流的相位取决于 X_L 和 X_C 的大小关系。下面分三种情况讨论：

(1)当 $X_L>X_C$ 时，$\varphi>0$。总电压超前于电流 φ 角度，电路呈现电感性，称这种负载为感性负载。

(2)当 $X_L<X_C$ 时，$\varphi<0$。总电压滞后于电流 φ 角度，电路呈现电容性，称这种负载为容性负载。

(3)当 $X_L=X_C$ 时，$\varphi=0$。总电压与电流同相位，电路呈现电阻性，称这种负载为阻性负载。

二、功　　率

RLC 串联电路的瞬时功率为三个元件瞬时功率之和，即：

$$p=p_R+p_L+p_C$$

RLC 串联电路只有电阻 R 消耗有功功率，理想电感和电容仅消耗无功功率。

有功功率：

$$P=I^2R=U_RI \tag{3-35}$$

无功功率：

$$Q=Q_L-Q_C=I^2X_L-I^2X_C=U_LI-U_CI \tag{3-36}$$

视在功率：

$$S=UI \tag{3-37}$$

则：

$$S^2=P^2+Q^2 \tag{3-38}$$

$$P=S\cos\varphi$$

$$Q=S\sin\varphi \tag{3-39}$$

功率因数：

$$\cos\varphi=\frac{P}{S}=\frac{U_R}{U}=\frac{R}{Z} \tag{3-40}$$

例 3－10　在电阻、电感和电容串联电路中，已知电阻 $R=30\ \Omega$，电感 $L=254$ mH，电容 $C=80\ \mu$F，电源电压 $u=220\sqrt{2}\sin(314t+30°)$V。求：(1)电流 i，电压 u_R、u_L 和 u_C；(2)求 P，Q 和 S；(3)分析电路的性质。

解：(1)

$$X_L=\omega L=314\times254\times10^{-3}=80(\Omega)$$

$$X_C=\frac{1}{\omega C}=\frac{1}{314\times80\times10^{-6}}=40(\Omega)$$

$$Z=\sqrt{R^2+(X_L-X_C)^2}=\sqrt{30^2+(80-40)^2}=50(\Omega)$$

$$I=\frac{U}{Z}=\frac{220}{50}=4.4(\text{A})$$

$$\varphi=\arctan\frac{X_L-X_C}{R}=\arctan\frac{80-40}{30}=53^\circ$$

由于 $X_L>X_C$，所以该电路呈感性，电压超前于电流 φ 角度，所以电流数学解析式为：$i=4.4\sqrt{2}\sin(314t+30^\circ-53^\circ)=4.4\sqrt{2}\sin(314t-23^\circ)(\text{A})$。

$$U_L=IX_L=4.4\times80=352(\text{V})$$

电感两端电压的相位超前于电流相位 90°，所以电感两端电压的数学解析式为：

$$u_L=352\sqrt{2}\sin(314t-23^\circ+90^\circ)=352\sqrt{2}\sin(314t+67^\circ)(\text{V})$$

$$U_C=IX_C=4.4\times40=176(\text{V})$$

电容两端电压的相位滞后于电流相位 90°，所以电容两端电压的数学解析式为：

$$u_C=176\sqrt{2}\sin(314t-23^\circ-90^\circ)=176\sqrt{2}\sin(314t-113^\circ)(\text{V})$$

(2)
$$P=UI\cos\varphi=220\times4.4\cos53^\circ=581.2(\text{W})$$

$$Q=UI\sin\varphi=220\times4.4\sin53^\circ=774(\text{var})$$

$$S=UI=220\times4.4=968(\text{V}\cdot\text{A})$$

(3)由于 $X_L>X_C$，所以该电路呈感性，电压超前于电流 53 度。

第八节　并联电路

一般常见的感性负载的电路相当于电阻、电感串联电路。实际电路中又为了提高电路的功率因数，所以在感性负载旁并联电容器，本节以此电路为例分析 RLC 并联电路，电路图如图 3－17(a)所示。

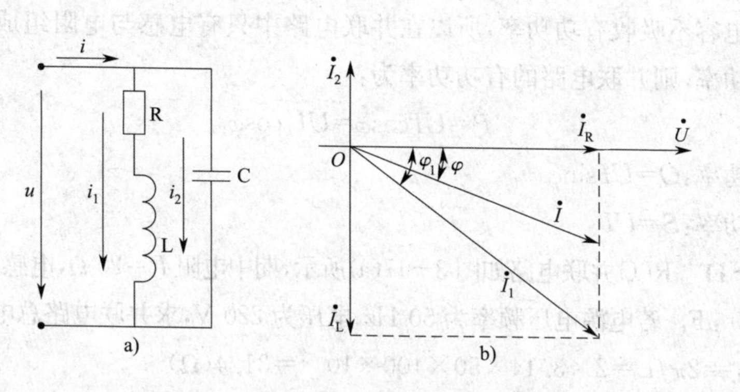

图 3－17　RL 与 C 并联电路及其相量图

一、电压与电流的关系

RL 串联支路与电容支路并联，所以选电压为参考量，令 $u=U_{\mathrm{m}}\sin\omega t$。

设电压有效值为 U，则 RL 串联支路电流 i_1 的有效值为：$I_1=\dfrac{U}{Z_1}=\dfrac{U}{\sqrt{R^2+X_L^2}}$

i_1 滞后电压 u 的相位 φ_1 为：$\varphi_1=\arctan\dfrac{X_L}{R}$

电容支路电流 i_2 的有效值为：$I_2=\dfrac{U}{X_C}$，电流 i_2 超前于电压 u90°。

根据基尔霍夫第一定律：$i=i_1+i_2$，则电流相量方程为：$\dot{I}=\dot{I}_1+\dot{I}_2$。电流与电压的相量图如图 3－17(b)所示。对电流$\dot{I}_1$的相量在水平与竖直方向做矢量分解，分解为$\dot{I}_R$和$\dot{I}_L$，则 $I_R=I_1\cos\varphi_1$，$I_L=I_1\sin\varphi_1$。于是$\dot{I}=\dot{I}_L+\dot{I}_R+\dot{I}_2$，总电流$\dot{I}$滞后于电压$\dot{U}\varphi$角度。根据相量图中的三角函数关系，可以计算出总电流的有效值为：

$$I=\sqrt{(I_1\cos\varphi_1)^2+(I_1\sin\varphi_1-I_2)^2} \tag{3－41}$$

总电流与电压之间的相位差 φ 为：

$$\varphi=\arctan\frac{I_1\sin\varphi_1-I_2}{I_1\cos\varphi_1} \tag{3－42}$$

由式(3－42)可得如下结论：

(1)当 $I_1\sin\varphi_1>I_2$ 时，$\varphi>0$，电流滞后于电压 φ 角度，电路呈现电感性。

(2)当 $I_1\sin\varphi_1<I_2$ 时，$\varphi<0$，电流超前于电压 φ 角度，电路呈现电容性。

(3)当 $I_1\sin\varphi_1=I_2$ 时，$\varphi=0$，电流与电压同相，电路呈现电感性。

二、功　　率

由于电容不吸收有功功率，所以在并联电路中只有电感与电阻组成的串联支路吸收有功功率，则并联电路的有功功率为：

$$P=UI\cos\varphi=UI_1\cos\varphi_1$$

无功功率：$Q=UI\sin\varphi$

视在功率：$S=UI$

例 3－11　RLC 并联电路如图 3－17(a)所示，期中电阻 $R=20\ \Omega$，电感 $L=100$ mH，电容 $C=40\ \mu$F。若电源电压频率为 50 Hz，电压为 220 V，求并联电路总电流 I。

解：$X_L=2\pi fL=2\times3.14\times50\times100\times10^{-3}=31.4(\Omega)$

$Z_1=\sqrt{R^2+X_L^2}=\sqrt{20^2+31.4^2}=37.2(\Omega)$

则电阻、电感串联支路的电流 I_1 为：

$$I_1=\frac{U}{Z_1}=\frac{220}{37.2}=5.9(\text{A})$$

$$I_R=I_1\cos\varphi=I_1\ \frac{R}{Z_1}=5.9\times\frac{20}{37.2}=3.2(\text{A})$$

$$I_L=I_1\sin\varphi_1=I_1\ \frac{X_L}{Z_1}=5.9\times\frac{31.4}{37.2}=5(\text{A})$$

$$Z_2=X_C=\frac{1}{2\pi fC}=\frac{1}{2\times3.14\times50\times40\times10^{-6}}=79.6(\Omega)$$

电容支路电流 I_2 为：

$$I_2=\frac{U}{X_C}=\frac{220}{79.6}=2.8(\text{A})$$

则总电流 I 为：

$$I=\sqrt{(I_1\cos\varphi_1)^2+(I_1\sin\varphi_1-I_2)^2}=\sqrt{3.2^2+(5-2.8)^2}=3.9(\text{A})$$

第九节　串联谐振电路

在 RLC 串联电路中，电路如图 3－16(a)所示，当串联电路总电压与电流同相时，电路呈现电阻性，串联电路的这种状态称为串联谐振。

一、串联电路谐振的条件与谐振频率

1. 串联谐振的条件

根据串联谐振的定义可知，串联电路发生谐振后，电路对外呈现电阻性，则

$$X_L=X_C$$

所以，串联电路谐振的条件是

$$X_L=X_C\ 或\ 2\pi fL=\frac{1}{2\pi fC} \tag{3-43}$$

2. 谐振频率

由式(3－43)可得谐振频率 f_0 和谐振角频率 ω_0 分别为：

$$f_0=\frac{1}{2\pi\sqrt{LC}} \qquad (3-44)$$

$$\omega_0=2\pi f_0=\frac{1}{\sqrt{LC}}$$

当固定电路中电感和电容参数不变，改变电源频率，使电源频率与电感和电容的参数满足(3－44)式关系时，电路便会发生串联谐振。由此可见，串联电路发生谐振

与否是由电路本身的电感 L 和电容 C 的参数决定的。因此,电工学中又将 f_0 称为固有频率,将 ω_0 称为固有角频率。

二、串联谐振的特征

1. 串联谐振时,电路对外呈现电阻性并且阻抗最小,最小阻抗 Z_0 为:

$$Z=R$$

2. 串联电路中电流 $\dot{I}$ 与电源电压 $\dot{U}$ 同相,即电流与电源电压之间的相位差为 0。

3. 电路中电流达到最大值,该电流称为谐振电流 I_0。

$$I_0=\frac{U}{R}$$

4. 串联谐振时,电阻两端的电压等于总电压,电感 L 和电容 C 两端将出现高电压。该高电压是总电压的 Q 倍,Q 称之为电路的品质因数。

品质因数 Q 为:

$$Q=\frac{X_L}{R}=\frac{X_C}{R}=\frac{2\pi fL}{R}=\frac{1}{2\pi fCR} \tag{3-45}$$

电感和电容两端的高电压为:

$$U_{\mathrm{L}}=U_{\mathrm{C}}=I_0X_{\mathrm{L}}=\frac{U}{R}X_{\mathrm{L}}=U\frac{X_{\mathrm{L}}}{R}=UQ \tag{3-46}$$

一般情况下,串联电路的品质因数 Q 值总大于 1,数值大约为几十甚至可达几百。所以串联谐振时,电感和电容两端会出现比总电压高很多的高电压,因此串联谐振又称之为电压谐振。由于 $X_{\mathrm{L}}=X_{\mathrm{C}}$,所以串联谐振电路的总无功功率等于 0。对于理想电感和电容来说,电源只提供电阻消耗的有功功率,电感和电容之间进行磁场能量和电场能量的交换。

5. 谐振时电路的相量图如图 3－18 所示。由相量图可见,L 和 C 两端的电压大小相等、相位相反,所以电阻两端的电压等于电源总电压。

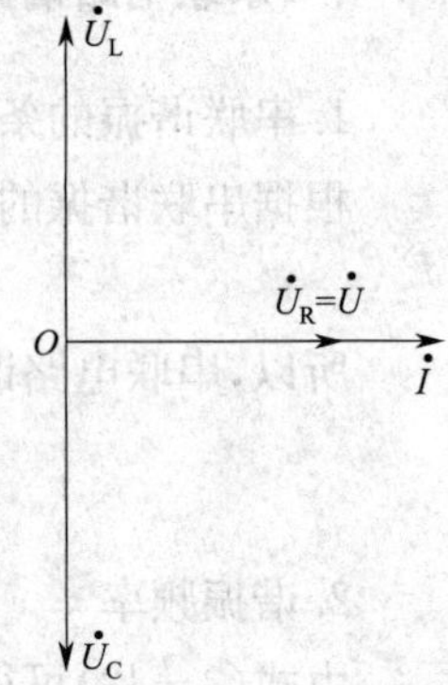

图 3－18　串联谐振电路电流、电压相量图

三、串联谐振电路的应用

串联谐振电路常被用作选频电路。如果固定电容或电感之一(通常采用可变电容的场合较多),调节另外一个,这样就可以得到许许多多对应于不同电容值 C 的固有频率。当电路周围信号的频率与电路的固有频率一致时,该信号将被电路接收,并在电路中产生较大的电流。这是由于串联谐振时,电路的总阻抗最小。但是电路对

其他频率的信号的阻抗较大，所以除固有频率之外的信号将不被电路接收。因此，利用串联谐振电路可以从不同的频率中选择出我们所需要的频率的信号。这实际上也就是收音机的基本工作原理。

但是在电力系统中，绝对不允许出现谐振。因为，谐振发生后会在电感和电容两端出现极高的电压，容易引起电气设备损坏或造成人身伤亡事故。

例 3－12 一半导体收音机的输入电路为 RLC 串联电路，$L=300\ \mu H$，$R=10\ \Omega$。当收听频率 $f=540$ kHz 的电台频率时，输入信号电压（相当于串联电路总电压）的有效值为 $U=100\ \mu V$。求可变电容 C 的大小、电路的品质因数 Q 和电感两端的电压 U_L 的值。

解： $C=\dfrac{1}{(2\pi f)^2 L}=\dfrac{1}{(2\times 3.14\times 540\times 10^3)^2\times 300\times 10^{-6}}=292(\text{pF})$

$$Q=\frac{\omega_0 L}{R}=\frac{2\pi f L}{R}=106.8$$

$$U_L=QU=106.8\times 100\times 10^{-6}=10.68(\text{mV})$$

第十节 并联谐振电路

为了提高谐振电路的选择性，常常需要更高的品质因数。当信号源内阻较小时，可采用串联谐振电路。如果信号源内阻很大，采用串联谐振，Q 值就很低。选择性会明显变差。这种情况下，可采用并联谐振电路。

一、并联电路谐振的条件与谐振频率

1.并联谐振的条件

在 RLC 并联电路一节我们已经讨论过，当 $I_1\sin\varphi_1=I_2$ 时，感性支路的无功电流和容性支路的无功电流相互抵消，电路呈阻性。这种情况称为电路发生并联谐振。

由并联电路相量图 3－17(b)得出：

$$I_1\sin\varphi_1=\frac{U}{Z_1}\frac{X_L}{Z_1}=U\frac{X_L}{Z_1^2}=U\frac{\omega L}{R^2+(\omega L)^2}$$

$$I_2=U\omega C$$

谐振时 $I_1\sin\varphi_1=I_2$，则并联电路谐振的条件为：

$$\frac{L}{R^2+(\omega L)^2}=C \qquad (3-47)$$

2.谐振频率

由式(3－47)可得 $\omega=\sqrt{\dfrac{1}{LC}-\dfrac{R^2}{L^2}}$，一般情况下 $\sqrt{\dfrac{L}{C}}\gg R$，即 $\dfrac{1}{LC}\gg\dfrac{R^2}{L^2}$，则谐振频率

f_0 和谐振角频率 ω_0 分别为：

$$\omega_0 \approx \frac{1}{\sqrt{LC}}$$

$$f_0 \approx \frac{1}{2\pi\sqrt{LC}} \tag{3-48}$$

二、并联谐振的特征

1. 电路的总阻抗最大，总电流最小。

并联谐振电路中电流的感性无功分量与容性无功分量完全补偿，电路的总阻抗最大，总阻抗为：

$$Z_0 = \frac{U}{I_0} = \frac{R^2 + X_L^2}{R} \tag{3-49}$$

电路总阻抗最大，则总电流最小，电路的总电流等于电感支路的有功分量电流 $I_1 \cos\varphi_1$，谐振电流为：

$$I_0 = I_1 \cos\varphi_1 = \frac{U}{\sqrt{R^2 + X_L^2}} \frac{R}{\sqrt{R^2 + X_L^2}} = U \frac{R}{R^2 + X_L^2} \tag{3-50}$$

2. 总电压与总电流近似同相。

3. 并联支路两端电压达到最大值。

4. 电容支路电流与电感支路电流的垂直分量相等，且为总电流的 Q（品质因数）倍，所以并联谐振称为电流谐振。

$$\begin{aligned} I_2 &= I_1 \sin\varphi_1 = U \frac{\omega L}{R^2 + (\omega L)^2} \\ &= I_0 \frac{X_L}{R} = I_0 Q \end{aligned} \tag{3-51}$$

式中 Q 为电路的品质因数。

三、并联谐振电路的应用

并联谐振电路主要用来构造选频器或振荡器等，广泛应用于电子设备中。收音机、电视机中的中周变压器就是由并联谐振电路构成的。

第十一节　三相交流电的基本概念

本节之前所讲的均是单相交流电，它只是三相交流电中的一相。本节将向大家介绍在发电、输电、配电系统和工农业生产中更广泛使用的三相交流电。

一、三相交流电的优点

三相电动势、电压和电流统称为三相交流电。三相交流电是由三相交流发电机产生,供单相或三相用电设备使用。与单相交流电相比,三相交流电具有突出的优点:

1. 在尺寸相同的情况下,三相交流发电机输出地功率更大。

2. 三相发电机的结构尺寸和制造工艺并不复杂多少,且使用和维护均很方便,而且运转时比单相发电机的振动更小。

3. 同样条件下输送同样大的功率时,特别是远距离输电时,三相输电线路可节约25%左右的材料。

二、三相交流电的产生

三相交流电是由三相交流发电机产生的。图 3－19(a)所示为三相交流发电机的示意图,它主要由定子和转子构成。定子中嵌入三相绕组,始端分别用 U_1、V_1、W_1 表示,末端用 U_2、V_2、W_2 表示。转子是一对磁极的电磁铁,它以匀角速度 ω 逆时针方向旋转。定子各绕组几何尺寸、形状、匝数均相同,安装时彼此之间相隔 120°,磁感应强度沿转子表面按正弦规律分布,则在三相绕组中可以分别感应出最大值相等、频率相同、相位互差 120°的三个正弦电动势。这种三相电动势称为对称三相电动势也就是所谓的三相交流电。

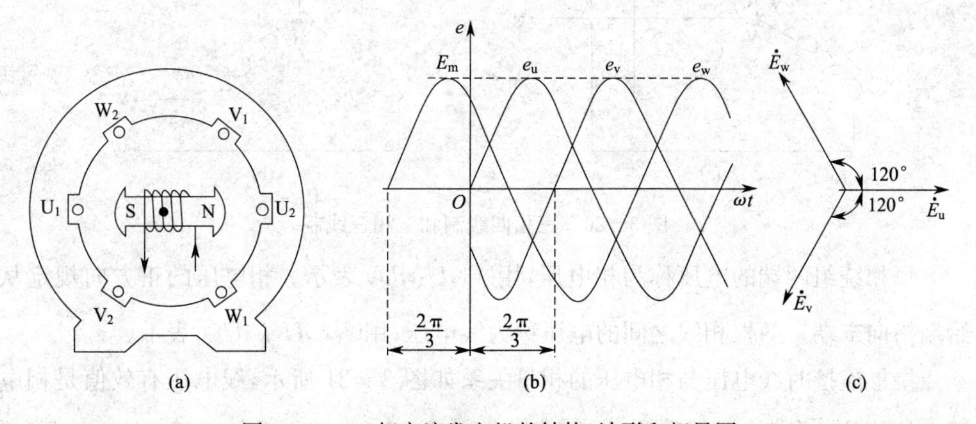

图 3－19　三相交流发电机的结构、波形和相量图

当转子按逆时针方向旋转时,各绕组产生的正弦电动势 e_U,e_V,e_W 的变化曲线如图 3－19(b)所示。它们的瞬时表达式分别为:

$$\begin{cases} e_U = E_m \sin\omega t \\ e_V = E_m \sin(\omega t - 120°) \\ e_W = E_m \sin(\omega t + 120°) \end{cases} \tag{3-52}$$

正弦电动势 e_U,e_V,e_W 的相量图如图 3－19(c)所示。

三、三相电源绕组的连接

三相交流发电机的每一相都可以看做一个独立的单相交流电源，各用一根导线来接通它的负载。为了节约输电线路所需的电缆材料，三相发电机的三个绕组一般采用星形连接(Y)和三角形连接(△)两种连接方式。

1. 三相电源绕组的星形连接

将发电机三相绕组的末端 U_2、V_2、W_2 相接成一个公共点，这种连接方式称为星形连接或 Y 形接法，电路如图 3－20(a)所示。该公共点称为电源中点，用 N 表示。从三相绕组始端 U_1、V_1、W_1 引出的三根导线称为相线；从电源中点 N 引出的与负载相接的导线称为中线；若电源中点接地，则与接地的电源中点相接的中线称为零线。

有中线的三相制叫做三相四线制，电路如图 3－20(a)所示。无中线的三相制叫做三相三线制，如图 3－20(b)所示。

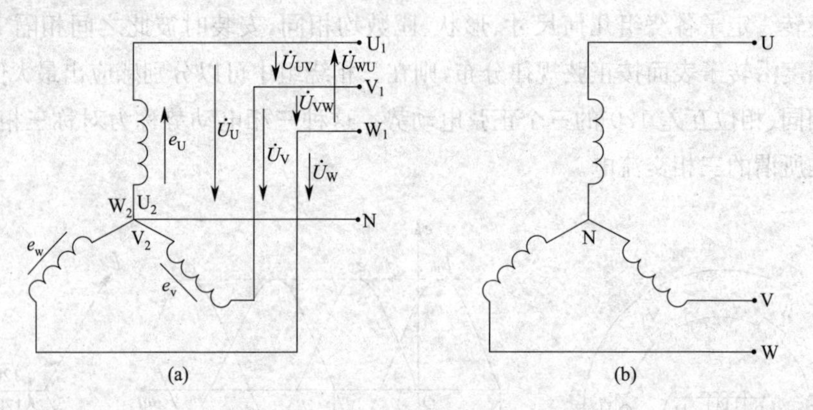

图 3－20　三相四线制和三相三线制

每相绕组两端的电压称为相电压，用$\dot{U}_U$,$\dot{U}_V$,$\dot{U}_W$表示。相电压的正方向规定从始端指向末端。两根相线之间的电压称为线电压，用$\dot{U}_{UV}$,$\dot{U}_{VW}$,$\dot{U}_{WU}$表示。

星形连接时线电压与相电压的相量关系如图 3－21 所示，线电压有效值是相电压有效值的$\sqrt{3}$倍，线电压超前对应的相电压 30°。

2. 三相电源绕组的三角形连接

将三相发电机每一相绕组的末端和另一相绕组的始端依次相接的方式，称为三角形接法或△接法，电路如图 3－22 所示。

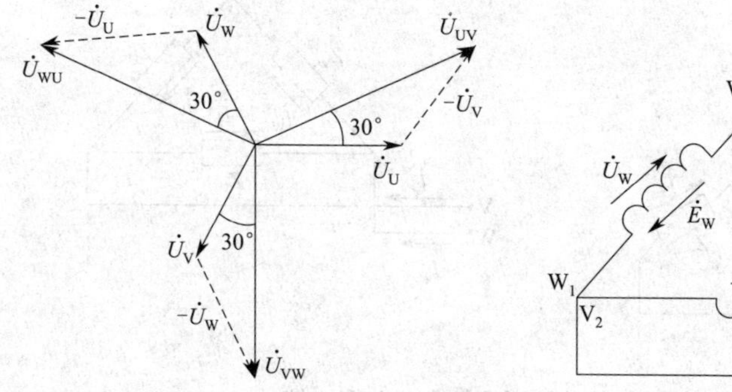

图 3－21　星形连接线电压与相电压相量图

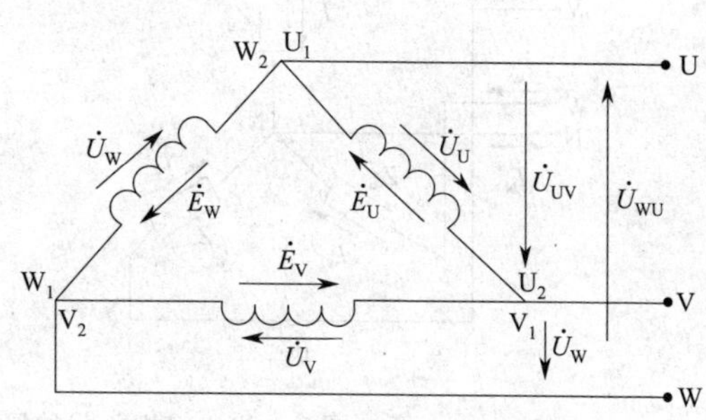

图 3－22　电源绕组的三角形接法

三角形接法，线电压等于相电压。

理想情况下，三角形接法的三相电动势总电动势为零，这时称之为对称三相正弦电动势，此时绕组三角形内部不存在环流。实际上，三相发电机的绕组不可能做到完全相同，也即三相电动势总存在微小的差异，这时在绕组三角形内部就会存在环流，这是不允许的。因此，发电机绕组一般不采用三角形接法而采用星形接法。

四、三相负载的连接

三相电路中，若各相负载的性质、阻值均相等，这样的三相负载叫做对称三相负载，如三相电动机等；如果三相负载不同，则叫做不对称三相负载，如三相照明负载等。三相负载与三相电源一样，也有星形和三角形两种接法。

1. 三相负载的星形连接

把三相负载分别接在三相电源的相线和中线之间的接法称为三相负载的星形连接，电路如图 3－23(a)所示。

负载两端的电压称为负载的相电压。忽略线路上的电压损耗，负载的相电压等于电源的相电压，负载的线电压等于电源的线电压，则负载的相电压与负载的线电压之间的关系是：

$$U_{线Y}=\sqrt{3}U_{相Y} \quad (3-53)$$

流过每相负载的电流叫做相电流，用$\dot{I}_u$，$\dot{I}_v$，$\dot{I}_w$表示（下标为小写字母）；流过相线的电流叫做线电流，用$\dot{I}_U$，$\dot{I}_V$，$\dot{I}_W$（下标为大写字母）。由图 3－23(a)可以看出星形连接时线电流与相电流大小相等，即：

$$I_{线Y}=I_{相Y} \quad (3-54)$$

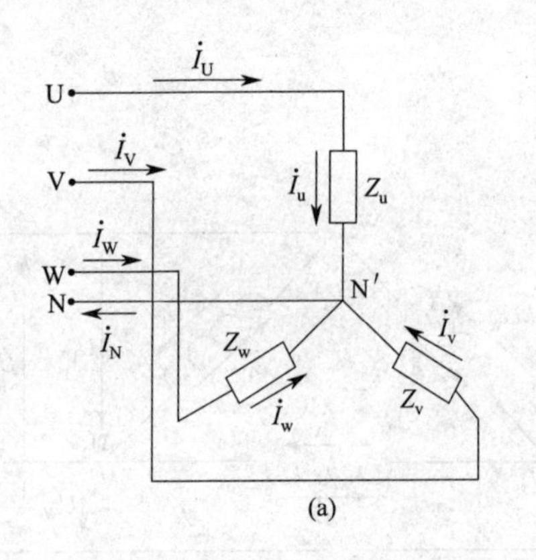

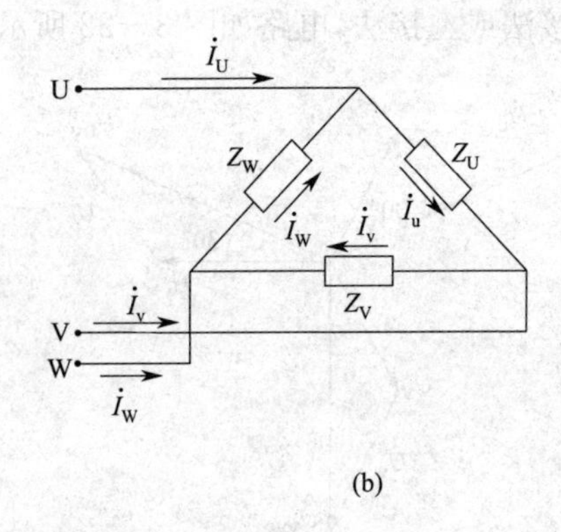

图 3—23　三相负载的星形连接和三角形连接

三相电路中应力求三相负载平衡，如在照明电路中，照明负载平均分接在三相上。因为在不平衡三相电路中，当有中线时，各相负载的电压保持不变，中线断开时，三相负载的相电压就不再相等。阻抗较小的相电压减小，阻抗较大的相电压升高，易烧毁该相电路上的用电设备。因此，设有中线的三相四线制供电电路中，中线上绝对不允许安装熔断器。

2. 三相负载的三角形连接

三相负载分别接在三相电源每两根相线之间的接法称为三角形连接，如图 3—23(b)所示。三角形连接中，各相负载是接在两根相线之间，负载的相电压就是电源的线电压，即：

$$U_{线\triangle}=U_{相\triangle} \quad (3-55)$$

接上电源后，三相负载将有电流流过，如图 3—23(b)所示，$\dot{I}_U$，$\dot{I}_V$，$\dot{I}_W$ 为线电流，$\dot{I}_u$，$\dot{I}_v$，$\dot{I}_w$ 为相电流。线电流和线电流之间的数量关系为：

$$I_{线\triangle}=\sqrt{3}\,I_{相\triangle} \quad (3-56)$$

线电流和相电流之间的相位关系是：线电流滞后于相应的相电流 30°。相量图如图 3—24 所示。

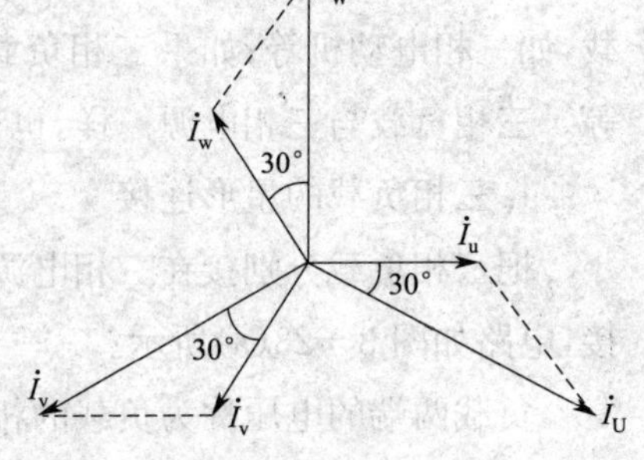

图 3—24　三角形连接线电流与相电流的相量关系

第十二节　对称三相电路的分析与计算

对称三相交流电路的分析方法与单相电路相同，符合欧姆定律、基尔霍夫定律等电路基本定律，本节主要讲解对称三相电路电压与电流的求解方法。

一、星形连接负载的分析与计算

三相四线制供电中，中线使每一相来说都是单相电路，工作情况与单相交流电路相同。

对称的三相电路中，各相负载的数值和性质是相同的，在三相电压作用下产生三相电流也是对称的，流过每相负载的电流大小相等、相位互差 120°。各相电流与相电压间的数量关系及相位关系同单相电路。

星形连接时相电流为：

$$I_{相Y}=\frac{U_{相Y}}{Z_{相}} \tag{3-57}$$

相电压与相电流之间的相位差为：

$$\varphi=\arctan\frac{X}{R} \tag{3-58}$$

式中 $Z_{相}$ 为各相负载的阻抗；R 为负载的相电阻；X 为负载的相电抗。

根据基尔霍夫定律，星形连接的负载中线电流为各相电流之和，由于负载对称，所以中线电流为零。这种情况下取消中线不影响三相电路正常工作，三相四线制可以改成三相三线制。通常在高压输电线路中采用三相三线制，由于高压线路中的负载通常为对称的三相变压器，所以可以取消中线，这种情况下三根相线和电源相互构成电流回路，不必通过中线返回电源。

例 3－13 一台三相异步电动机绕组作星形连接，电源线电压为 380 V。若电动机在额定工况下运行时，每相的等效电阻为 9.8 Ω，等效感抗为 5.3 Ω，求额定工况时电动机的相电流和线电流、相电压与相电流之间的相位差。

解：三相异步电动机为三相对称负载，所以

$$U_{相}=\frac{U_{线}}{\sqrt{3}}=\frac{380}{\sqrt{3}}=220(\text{V})$$

每相的阻抗为：

$$Z=\sqrt{R^2+X_L^2}=\sqrt{9.8^2+5.3^2}=11.1(\Omega)$$

则相电流为：

$$I_{相Y}=\frac{U_{相}}{Z}=\frac{220}{11.1}=19.8(\text{A})$$

由式(3－54)可知，线电流为：

$$I_{线}=I_{相}=19.8(\text{A})$$

相电压与相电流之间的相位差为：

$$\varphi=\arctan\frac{X}{R}=\arctan\frac{5.3}{9.8}=28.4^\circ$$

二、三角连接的分析与计算

对称负载三角形连接时，各相电流也是对称的，根据欧姆定律，相电流的大小为：

$$I_{相\Delta}=\frac{U_{相\Delta}}{Z_{相}} \tag{3-59}$$

相电压与相电流之间的相位差为：

$$\varphi=\arctan\frac{X}{R} \tag{3-60}$$

例 3－14 将例 3－13 中三相电动机的三相绕组接成三角形连接，其余条件不变，求额定工况时电动机的相电流和线电流、相电压与相电流之间的相位差。

解：每相的阻抗为：

$$Z=\sqrt{R^2+X_L^2}=\sqrt{9.8^2+5.3^2}=11.1(\Omega)$$

三角形连接负载的相电压等于电源的线电压，所以：

$$I_{相\Delta}=\frac{U_{相\Delta}}{Z}=\frac{U_{线\Delta}}{Z}=\frac{380}{11.1}=34.23(A)$$

三角形连接时线电流为：

$$I_{线\Delta}=\sqrt{3}\,I_{相\Delta}=\sqrt{3}\times34.23=59.29(A)$$

相电压与相电流之间的相位差为：

$$\varphi=\arctan\frac{X}{R}=\arctan\frac{5.3}{9.8}=28.4^\circ$$

例 3－13 和例 3－14 计算的线电流、相电流做比较和分析：

$$\frac{I_{相\Delta}}{I_{相Y}}=\frac{34.23}{19.8}=1.73\approx\sqrt{3}$$

$$\frac{I_{线\Delta}}{I_{线Y}}=\frac{59.29}{19.8}\approx3$$

可见，负载接成三角形的相电流是接成星形的相电流的$\sqrt{3}$倍；负载接成三角形的线电流是接成星形的线电流的 3 倍。因此，三角形接法的三相异步电动机，启动过程中宜采用星形接法，以减小启动电流。

第十三节　三相电路的功率

三相电源输出的总有功功率等于每相输出的有功功率之和；三相负载消耗的总有功功率等于每相负载消耗的有功功率之和。即：

$$P=P_U+P_V+P_W=U_U I_U\cos\varphi_U+U_V I_V\cos\varphi_V+U_W I_W\cos\varphi_W \quad (3-61)$$

其中U_U,U_V,U_W为各相电压有效,I_U,I_V,I_W为各相电流有效值,$\cos\varphi_U$,$\cos\varphi_V$,$\cos\varphi_W$为各相功率因数。

对称三相电路中,各相电压、相电流的有效值及功率因数均相同,因此对称三相电路的总功率为:

$$P=3P_{相}=3U_{相}\ I_{相}\ \cos\varphi \quad (3-62)$$

实际工作中,三角形连接的负载测量线电流比较方便;星形连接的测量线电压比较方便,因此利用式(3−62)计算总功率时电压和电流将有所选择。

对于星形(Y)连接,相电流等于线电流,线电压为相电压的$\sqrt{3}$倍,则式(3−62)可写为:

$$P_Y=3U_{相Y}I_{相Y}\cos\varphi=\sqrt{3}U_{线Y}I_{线Y}\cos\varphi \quad (3-63)$$

对于三角形(△)连接,相电压等于线电压,线电流为相电流的$\sqrt{3}$倍,则式(3−62)可写为:

$$P_{\triangle}=3U_{相\triangle}I_{相\triangle}\cos\varphi=\sqrt{3}U_{线\triangle}I_{线\triangle}\cos\varphi \quad (3-64)$$

总之,由式(3−63)和式(3−64)得出,对称负载不论何种接法,总功率的计算公式是相同的,即:

$$P=\sqrt{3}U_{线}\ I_{线}\ \cos\varphi=3U_{相}\ I_{相}\ \cos\varphi \quad (3-65)$$

应当注意的是,功率因数$\cos\varphi$中的角度φ为相电压与相电流之间的相位差,也就是负载阻抗角,不是线电压与线电流之间的相位差。

同理,三相负载的无功功率和视在功率分别为:

$$Q=3U_{相}\ I_{相}\ \sin\varphi=\sqrt{3}U_{线}\ I_{线}\ \sin\varphi \quad (3-66)$$

$$S=\sqrt{P^2+Q^2}=\sqrt{3}U_{线}\ I_{线}=3U_{相}\ I_{相} \quad (3-67)$$

例 3−15 三相电炉,每相电阻为5.78Ω,求在380 V线电压下,接成△和Y形时,从电网吸收的有功功率P、无功功率Q和视在功率S。

解:电阻接成△时:

线电流为: $I_{线}=\sqrt{3}I_{相\triangle}=\sqrt{3}\times\frac{380}{5.78}=114(\text{A})$

电炉负载可以近似认为是纯电阻负载,则功率因数$\cos\varphi=1$,$\sin\varphi=0$。

有功功率: $P=\sqrt{3}U_{线}\ I_{线}\ \cos\varphi=\sqrt{3}\times380\times114\times1=75(\text{kW})$

无功功率: $Q=\sqrt{3}U_{线}\ I_{线}\ \sin\varphi=0(\text{var})$

视在功率: $S=\sqrt{P^2+Q^2}=\sqrt{75^2+0}=75(\text{V}\cdot\text{A})$

电阻接成Y时：

相电压为：
$$U_{相}=\frac{U_{线}}{\sqrt{3}}=\frac{380}{\sqrt{3}}=220(\mathrm{V})$$

线电流为：
$$I_{线Y}=I_{相Y}=\frac{U_{相Y}}{R}=\frac{220}{5.78}=38(\mathrm{A})$$

有功功率：
$$P=\sqrt{3}U_{线}\ I_{线}\cos\varphi=\sqrt{3}\times380\times38\times1=25(\mathrm{kW})$$

无功功率：
$$Q=\sqrt{3}U_{线}\ I_{线}\sin\varphi=0(\mathrm{var})$$

视在功率：
$$S=\sqrt{P^2+Q^2}=\sqrt{25^2+0}=25(\mathrm{V\cdot A})$$

由此例，我们发现在线电压不变、每相负载不变，只改变负载的连接方式，△接法负载消耗的有功功率是Y接法负载消耗的有功功率的3倍。

第十四节　提高功率因数的意义和方法

在交流电路中，有功功率为：

$$P=UI\cos\varphi$$

式中的$\cos\varphi$称之为交流电路的功率因数。功率因数是用电设备质量的一个重要指标。电路的功率因数是由负载的电阻和电抗的大小决定的。纯电阻负载的功率因数为1，感性负载和容性负载的功率因数均介于0和1之间。在实际生产生活中使用的绝大部分电气又属于感性负载，如变压器、异步电动机、带整流器的日光灯等，它们的功率因数较低，这样一来对电网运行的经济效益和节约用电极为不利。因此，提高功率因数(又称功率因数校正)具有重要的现实意义。

一、提高功率因数的意义

1. 充分利用电源设备的容量

交流电源的容量用视在功率S衡量。当容量一定的电源向负载供电时，负载得到的有功功率除了与视在功率S有关外，还和负载的功率因数$\cos\varphi$有关。因为有功功率$P=S\cos\varphi$，功率因数越大，电源输出的有功功率越大，无功功率越小；反之，输出的有功功率越小，无功功率越大。提高负载的功率因数，可以使同等容量的电源向更多用电设备输出有功功率，提高供电能力。或者在有功功率一定的情况下，提高功率因数，可以减小发电机和变压器的容量，降低电网投资。

2. 减小输电线路的损耗

在输电线路电压一定的情况下，向用户输送一定的有功功率，则线路上的电流为：$I=\dfrac{P}{U\cos\varphi}$。由此式可知，功率因数越低，流过输电线路的电流越大。如此以来，一方面输电电流增大会导致线路损耗急剧增加，另一方面输电电流增大将使线路压降增大，用户端的电压较低较多。因此，为了改善供电质量、提高输电效率，必须提高功率因数。

二、提高功率因数的方法

1.提高用电设备自身的功率因数

合理选择和使用用电设备，避免“大马拉小车”的现象。异步电动机和变压器是电网中消耗无功功率最多的电气设备，当电动机实际负荷比其额定容量低许多时，功率因数将急剧下降。这时电动机做功不多，但消耗的无功功率和有功功率却很多，造成电能的极大浪费。要提高功率因数，就必须合理选择电动机，使电动机的容量与拖动的机械负载匹配。变压器的选择同样也要配套，容量过大而负荷较小的变压器，也会增大无功功率和铁芯损耗。

2.感性负载上并联电容器

感性负载两端并联电容器提高电路的功率因数是常用方法。感性负载和电容器并联后，线路上的总电流比未补偿是要小，总电流和电源电压之间相位差也减小了，也就是提高了功率因数。我们用并联电容器后感性电路的相量图 3－25 来分析并联电容器的效果。

感性负载并联电容之前，电路总电流$\dot{I}=\dot{I}_L$，阻抗角为 φ_L。给电感支路并联电容器 C，则电路总电流为$\dot{I}=\dot{I}_L+\dot{I}_C$，从图 3－25(b)可以看出并联电容器 C 后总电流 I 明显小于并联电容器之前的总电流 I_L；并联电容器之后的阻抗角为 φ，阻抗角也明显减小。

可见，电感电路并联电容，不但可以减小电路总电流，而且可以显著减小阻抗角，提高电路的功率因数。

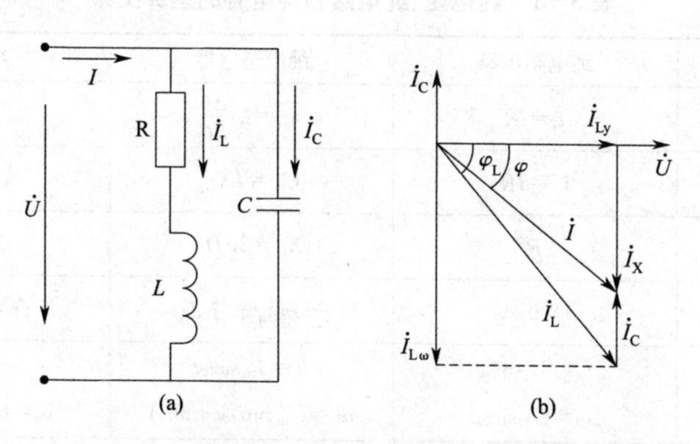

图 3－25　电感并联电容提高功率因数电路及其相量图

采用并联电容器提高功率因数,应注意两个概念:

(1)并联电容器,对原感性负载的工作情况没有任何影响,流过感性负载的电流和感性负载的功率因数并未改变。所谓的提高功率因数,是指包括电容和电感在内的整个电路的功率因数比仅有感性负载时的电路的功率因数提高了。

(2)线路总电流减小,是电流无功分量减小的结果,而电流的有功分量并未改变。

实际生产中,并不要求将功率因数提高到1。若将功率因数提高到1,需要并联的电容器较大,这样设备的投入就比较大。因此,功率因数校正要综合考虑技术指标和经济指标。

本章小结

1.按正弦规律变化的电流、电压及电动势称为正弦交流电。交流电的频率(角频率)、初相和最大值称为正弦交流电的三要素。

2.交流电的有效值就是与其热效应相等的直流值。有效值与最大值的关系是:

$$\begin{cases} E=\dfrac{E_m}{\sqrt{2}}=\dfrac{\sqrt{2}}{2}E_m=0.707E_m \\ U=\dfrac{U_m}{\sqrt{2}}=\dfrac{\sqrt{2}}{2}U_m=0.707U_m \\ I=\dfrac{I_m}{\sqrt{2}}=\dfrac{\sqrt{2}}{2}I_m=0.707I_m \end{cases}$$

3.正弦交流电的表示方法有数学解析式、波形图、相量图和符号法四种。

4.纯电阻、纯电感和纯电容的运算关系,见表3—1。

表3—1　纯电阻、纯电感和纯电容的运算关系

电路	纯电阻电路	纯电感电器	纯电容电器
基本关系	$u=iR$	$u_L=L\dfrac{\Delta i}{\Delta t}$	$i_c=c\dfrac{\Delta u_C}{\Delta t}$
有效值关系	$U=IR$	$U_L=IX_L$	$U_C=IX_c$
阻抗值	R	$X_L=2\pi fL$	$X_C=\dfrac{1}{2\pi fC}$
U与I的相位关系	0	$\dot{U}$ 超前于 $\dot{I}$ 90°	$\dot{U}$ 滞后于 $\dot{I}$ 90°
瞬时值表达式	$i_R=I_m\sin\omega t$ $u_R=U_m\sin\omega t$	$i_L=I_m\sin\omega t$ $u_L=U_m\sin(\omega t+90°)$	$i_C=I_m\sin\omega t$ $u_c=U_m\sin(\omega t-90°)$
功率	$P=I^2R$	$P_{QL}=I^2X_L$	$P_{QC}=I^2X_C$

5. 典型正弦交流电路特性，见表 3—2。

表 3—2　典型正弦交流电路特性

项目	阻抗	总电压(电流)有效值	总电压与总电流的相位差
RLC 串联电路	$Z=\sqrt{R^2+X^2}$ $X=X_L-X_C=\omega L-\dfrac{1}{\omega C}$	$U=\sqrt{U_R^2+U_X^2}=IZ$ $U_X=U_L-U_C$	$\varphi=\arctan\dfrac{X_L-X_C}{R}$
RL 与 C 并联电路	$Z=\sqrt{\left(\dfrac{R}{R^2+X_L^2}\right)^2+\left(X_C-\dfrac{X_L}{R^2+X_L^2}\right)^2}$	$I=\sqrt{I_R^2+(I_L-I_2)^2}$ $I_R=I_1\cos\varphi_1$ $I_L=I_1\sin\varphi_1$	$\varphi=\arctan\dfrac{I_1\sin\varphi_1-I_2}{I_1\cos\varphi_1}$

6. 交流电路功率

$$p=ui,P=UI\cos\varphi,Q=UI\sin\varphi,S=UI$$

式中 φ 是电压和电流的相位差，即电路的阻抗角，又称为功率因数角。

功率因数 $\cos\varphi$ 大小决定于电路的参数和电源的频率，是一个重要的物理量。对感性负载来说，为了提高电路的功率因数，常在负载两端并联电容器。

7. 串并联谐振

串联电路谐振的条件　$X_L=X_C$ 或 $2\pi fL=\dfrac{1}{2\pi fC}$

串联谐振频率 f_0 和谐振角频率 ω_0 分别为　$f_0=\dfrac{1}{2\pi\sqrt{LC}}$

$$\omega_0=2\pi f_0=\frac{1}{\sqrt{LC}}$$

并联电路谐振的条件为　$\dfrac{L}{R^2+(\omega L)^2}=C$

并联谐振频率 f_0 和谐振角频率 ω_0 分别为 $f_0=\dfrac{1}{2\pi\sqrt{LC}}$

$$\omega_0=2\pi f_0=\frac{1}{\sqrt{LC}}$$

8. 三相电动势、电压和电流统称为三相交流电。对称三相交流电是有效值(或最大值)相等、角频率相等、相位互差 120°的三个正弦交流电。

对称三相电源有星形连接和三角形连接两种形式。星形连接时，线电压是相电压的 $\sqrt{3}$ 倍，三角形连接时，线电压等于相电压。

三相负载亦有星形连接和三角形连接两种形式。对称三相负载是指三相的负载阻抗都相同。对称三相负载做星形连接时，各相负载承受的电压为对称的电源相电压，线电流等于负载的相电流。对称三相负载作三角形连接时，各相负载承受的电压为对称的电源线电压，线电流等于负载电流的$\sqrt{3}$倍。

习　题

1. 什么是交流电？什么是正弦交流电？

2. 什么是交流电的周期、频率、角频率？它们之间的关系是什么？

3. 正弦交流电的初相、相位差各表示什么意义？超前、滞后、同相、反相和正交各表示什么意思？正弦交流电的三要素是什么？

4. 已知交流电压 $u=220\sqrt{2}\sin\left(314t+\dfrac{\pi}{3}\right)\text{V}$。试求其最大值、频率、周期、角频率和初相。

5. 已知某正弦电压的振幅 $U_{\text{m}}=310\ \text{V}$，频率 $f=50\ \text{Hz}$，初相 $\varphi=-30°$，试写出电压的数学解析式，绘出电压波形并求 $t=0.01\ \text{s}$ 时的电压值。

6. 已知 $u=200\sin(\omega t-60°)\text{V}$，$i=50\sin(\omega t+60°)\text{A}$，写出 u 和 i 的三要素并求它们的相位差，绘出他们的波形图。

7. 已知电压 $u_1=100\sin(\omega t+30°)\text{V}$，$u_2=60\sin(\omega t+135°)\text{V}$，$u_3=120\sin(\omega t-60°)\text{V}$，用相量图法求 $u_1+u_2+u_3$，$u_1+u_2-u_3$。

8. 已知 $u_1=100\sqrt{2}\sin(314t+60°)\text{V}$，$u_2=50\sqrt{2}\sin(314t-30°)\text{V}$，用相量图法求 $u_3=u_1+u_2$ 的值，$u_4=u_1-u_2$ 的值。

9. 在题图 3－1 所示电路中，已知 $L=60\ \text{mH}$，$u=100\sin(314t+30°)\text{V}$。求交流电流表、交流电压表的读数。写出电流的瞬时值表达式，画出电压、电流的相量图。

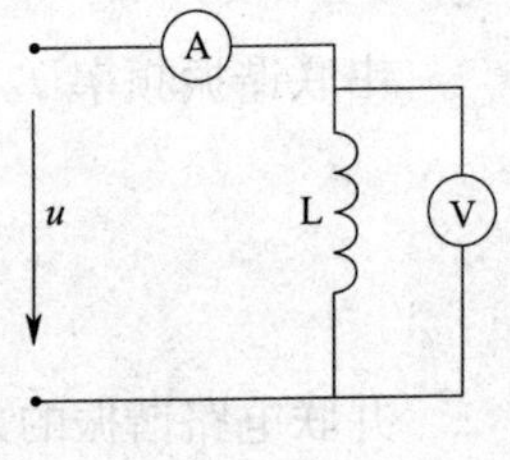

题　图 3－1

10. 题图 3－2 中，各电容器的电容、电源的电压、交流电的频率均相等，问哪一个安培表的读数最大？哪一个最小？为什么？

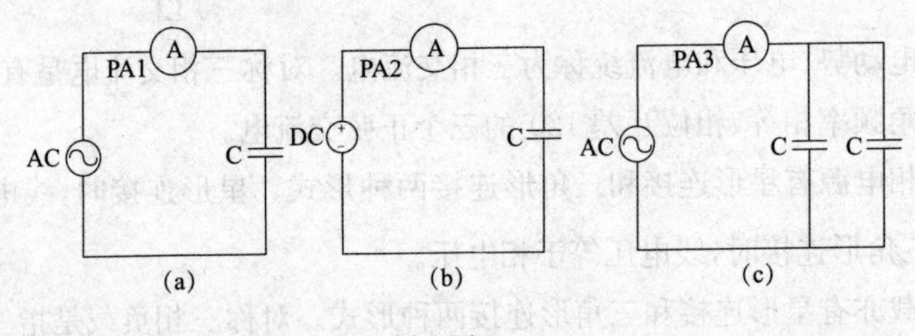

题　图 3－2

11. 线圈的电感为 0.2 mH，试求当频率为 600 kHz 和 860 kHz 时的感抗。如果电流为 0.01 mA，试求在这两个频率下线圈两端应加的电压为多少？

12. 有一电感 $L=0.08$ mH 的线圈，电阻 $R=0.5\ \Omega$，接在有效值为 220 V 的工频交流电上，试求：(1)通过线圈的电流有效值，并写出电流的数学解析式；(2)作出电压和电流的相量图。

13. 一个 $L=25$ mH 的线圈，电阻为 15 Ω。求流过线圈的电流为 20 A 时，加在线圈两端的电压是多少？有功功率、无功功率、视在功率各位多少？

14. 一个 10 μF 的电容器加有电压 $u=220\sqrt{2}\sin(314t+60°)$ V，求电流的瞬时值表达式，并画出电压和电流的相量图。

15. 一个 50 μF 的电容器接在 220 V 工频交流电源上，求通过电容器的电流的数学表达式。

16. 如题图 3－3 所示的 RC 移相电路，假设电容 C＝0.01 μF，输入电压 $u=110\sqrt{2}\sin(314t+45°)$ V。若欲使输出电压的相位延迟 60°，应配多大的电阻 R？写出输出电压 u_2 的表达式。

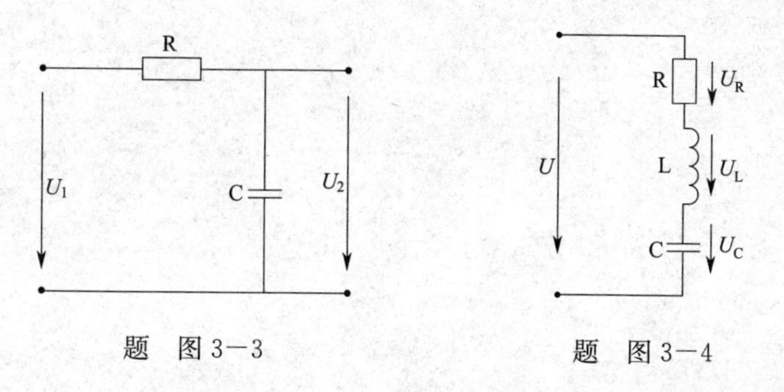

题 图3－3　　　　题 图3－4

17. 题图 3－4 是 RLC 串联电路，已知 $R=20\ \Omega$，$L=63.5$ mH，$C=30$ μF，电压 $u=110\sqrt{2}\sin(314t+30°)$ V，求：(1)电路的感抗、容抗和阻抗；(2)总电流有效值；(3)画出电路的相量图。

18. 已知 RLC 串联电路中的 $R=10\ \Omega$，$L=40$ mH，$C=80$ μF，电源电压 $u=100\sin(314t+15°)$ V，求(1)电路中电流的数学表达式；(2)各元件上的电压；(3)有功功率、无功功率、视在功率和功率因数；(4)画出电路的相量图。

19. RLC 串联电路中，已知 $R=40\ \Omega$，$X_C=50\ \Omega$，$U_C=100$ V，$u=141\sin 100t$ V，求电感 L。

20. RLC 串联电路，已知 $R=20\ \Omega$，$L=63.5$ mH，$C=30$ μF，求(1)该电路的谐振频率和谐振角频率；(2)若串联电路总电压为 50 V，谐振时电阻、电感和电容的端电压的有效值为多少。

21. 当 $\omega=50$ rad/s 时，RLC 串联电路发生谐振，已知 $R=5\ \Omega$，$L=400$ mH，端电压 $U=1$ V，求电容 C 的值及电路中的电流和各元件电压的瞬时表达式。

22. RLC 串联电路中，正弦电源电压为 1 V，频率 1 MHz，谐振电流为 100 mA，此时电容端电压为 100 V，求 R，L，C，Q 值。

23. 对称三相电压 V 相的瞬时值为 $u_V=220\sqrt{2}\sin(\omega t-30°)$ V，(1)写出其余两相电压的瞬时值；(2)若三相电源为 Y 形接法，写出三个线电压的瞬时值表达式；(3)画出 Y 形接法时，相电压和线电压的相量图。

24. 对称三相电源线电压为 380 V，每相负载的电阻为 100 Ω，感抗为 100 Ω。求(1)负载星形连接时的相电压、相电流、线电流、功率因数和视在功率；(2)负载三角形连接时的相电压、相电流、线电流、有功功率和无功功率。

25. 什么是功率因数？为什么要提高功率因数？提高功率因数常用什么方法？